BRAS
The Tastes of Aubrac

美味的傳承

米其林家族的風土、詩意、靈感與真味

Sébastien Bras

BRAS

The Tastes of Aubrac

美味的傳承

米其林家族的風土、詩意、靈感與真味

作 者
賽巴提恩·布拉斯 Sébastien Bras

撰 文
皮耶·凱利 Pierre Carrey

LaVie

WHITE 白

Family 家族

26

Mémé Bras 布拉斯奶奶

洋蔥南瓜亞里戈，佐濃縮肉汁、炸麵包，與圖比埃核桃調味料

Season 季節

32

Winter 冬

烤帕爾代揚蕪菁、朝鮮薊和發芽種子

Tool 工具

40

The 'hedgehog'「刺蝟」

用當地植栽與水果做的酒心糖

Activity 活動

46

Making emulsions 製作乳醬

醃鱈魚中腹，佐酸種麵包、甜三葉草乳醬及嫩荷蘭豆

Memory 回憶

50

Milk moustaches 牛奶白鬍子

牛奶多重奏：濃縮、焦糖、慕斯和檸檬香

Travel 旅行

56

Japan 日本

湯葉、日本百合根、茗荷，與發酵蘿蔔

Ingredient 食材

60

Chicory roots 菊苣根

菊苣根佐塊根芹菜「葉」

Producer 生產者

66

Jeune Montagne 揚山

梭鱸魚排、松露脆片，佐乳清醬汁

People 人物

72

Régis, eternal right-hand man
瑞吉斯——永遠的得力助手

帕斯卡德麵糊、烤羊肉，佐藍紋起司千層酥

Aubrac 奧布拉克

76

Le Suquet

白湯佐熟成培根、爐烤紅蔥及烤榛果

GREEN 綠

Family 家族

84　Michel 米修

烤綠蘆筍、嫩黃芝麻葉、蒜芥和鬱金香

Season 季節

92　Spring 春

蛙腿佐克菲爾、高湯凍和嫩青蔥

Tool 工具

98　Miwam mould「米旺」模具

夏季蔬菜米旺，佐黑橄欖乾調味

Activity 活動

102　Picking from the garden 園圃採摘

烤蕎麥餅、卡莎膨粒與拉加代勒園圃的春酸模

Memory 回憶

114　Gargouillou「卡谷優」田園沙拉

夏季「生」卡谷優田園沙拉

Travel 旅行

122　Italy 義大利

泡煮 Pastre 香腸、阿韋龍番紅花義大利麵及陳年拉奇歐樂起司

Ingredient 食材

126　Bald money 高山茴香

黑橄欖油煎萵筍，與發酵柑橘

Producer 生產者

130　Rodez market 羅德茲市場

烤白花椰菜、烤杏桃，佐杏桃酸辣醬及越南香菜粗粉

People 人物

136　The team 工作團隊

烤鴨胸，佐越南香菜、羽衣甘藍葉和海甘藍

Aubrac 奧布拉克

144　Full speed ahead 全速前進

豬里肌煎餃，佐酸胡蘿蔔汁與山茼蒿

YELLOW 黃

Family 家族

150 Blonde 金髮女郎

焦化奶油起司裸蹄餃，佐艾希爾起司霜，及聖弗盧爾普拉尼耶扁豆

Season 季節

156 Summer 夏

蓬子菜泡煮雙蟠桃，佐 Le Suquet 蜂蜜口味純白奶霜

Tool 工具

164 Potato 'gouttière' 馬鈴薯「溝槽」

馬鈴薯鬆餅佐焦化奶油霜、焦糖，與墨西哥奧勒岡

Activity 活動

168 Gathering a bouquet of daylilies
採集一束金針花

穀物餡金針花、凝乳及乳酸發酵檸檬

Memory 回憶

174 Coulant 岩漿蛋糕

咖哩奶霜岩漿蛋糕，佐優格冰淇淋及梅爾檸檬

Travel 旅行

180 Sahara 撒哈拉

沙烤麵包夾勇氣香腸，佐泡沫奶油炸「麵包碎屑」

Ingredient 食材

184 Lady's bedstraw 蓬子菜

蓬子菜風味洋蔥、番紅花克菲爾

Producer 生產者

188 Volailles d'Alice 愛麗絲家禽養殖場

煎愛麗絲雞內臟、烤奧佛涅起司薯餅，佐陳年拉奇歐樂起司脆片及烤青蔥

People 人物

194 The guests 顧客

博加塔烏魚子洋蔥酥皮塔

Aubrac 奧布拉克

198 Mountain streams 山中小溪

大蒜高湯浸褐鱒，佐野蒜、蘋果薯蘋嫩葉及蒜花

RED 紅

Family 家族

208 Blacksmiths 鐵匠
烤羊心、釀甜洋蔥和烤麵包汁

Season 季節

214 Autumn 秋
水果塊、南瓜籽、澄清奶油鹿肉排

Tool 工具

222 Cooking probe 烹飪探針
烤奧布拉克放牧牛，佐黑糖蜜與克拉帕丁甜菜根

Activity 活動

226 Grape harvesting 採收葡萄
烤帶骨腹壁牛排，佐羅德茲市場根類蔬菜與發酵大麥

Memory 回憶

230 Michelin Guide 米其林指南
鋪地百里香佐糖漬布萊特櫻桃與北杏奶霜

Travel 旅行

234 Argentina 阿根廷
洋蔥南瓜糕、軟糖、牛奶醬冰淇淋

Ingredient 食材

240 Mushrooms 蕈菇
時令蕈菇與森林物產做成的精緻小點

Producer 生產者

244 Aubrac free-range beef farmers
羅奧布拉克放牧牛的飼養者
生菲力牛肉捲佐「法國黑孢松露」，與初春野生綠葉

People 人物

250 Sergio, wine gardener
塞吉歐——葡萄酒管理者
鹽焗紅甜菜根，佐阿根廷青醬與墨西哥龍蒿

Aubrac 奧布拉克

254 Red run 進階挑戰
水煮大黃，佐浮華士奶霜，檸檬奶霜脆片

260 詞彙表
263 年表
264 地圖
266 索引
270 賽巴提恩的致謝辭
271 食譜筆記

賽巴提恩凝視著整個奧布拉克

Introduction 簡介

好神奇，賽巴提恩雖然身處松林之中，手機居然有訊號！那是一份邀約：「喂，我是 Le Suquet（蘇給）餐廳的賽巴提恩。」賽巴提恩‧布拉斯講話簡短扼要。首先，他用他的所在地自我介紹：一個只對少數幸運兒，還有牧羊人、朝聖者、健行狂和零星登山客開放的地點。這個地方是「Le Suquet」餐廳，位於「蘇給之丘」（Puech du Suquet；puech 在當地方言是「山丘」的意思）上，俯瞰著奧布拉克（Aubrac）的拉奇歐樂（Laguiole）地區。人們必須親自造訪這座用玻璃與花崗岩打造的餐廳，才能體會身在其中，會讓人感到茫然，有時間扭曲（distort time）的錯覺，以及它是如何用滿是當地風土特色的料理來顛覆空間的疆界，直達天際。Le Suquet 位處高地，遠離塵囂，賓客有時會在用餐中途起身，為的是好好看看外頭美到驚人的自然景緻。

而關於「來自 Le Suquet 餐廳的賽巴提恩」，我們知道些什麼呢？答案是「非常少」。他的個人簡介提供了一些摘要，但並未真正說明這個男人究竟是誰。他是一位出生於 1971 年 11 月 11 日的法國主廚。他熱愛各種植物，無論是本土的或來自更遠的地方，還好他可以透過採集和家族中超棒的菜園取得。2017年時，他為了保有自己的創作自由和生活方式，退回米其林指南三星評價。

他創造了一款夾著焦化奶油（beurre noisette）霜，可以用手拿著吃的馬鈴薯鬆餅（是道很美味的甜點）、一種可以帶著、邊走邊吃的鬆餅（就像鄉間「路邊小吃」）和他的名菜——混合法義特色的義大利麵（作法請參考第 124 頁）。他是米修‧布拉斯（Michel Bras，姓氏的英文發音為「Brasse」）的兒子。米修生於 1946 年，他的經典作品包括：意義非凡的「卡谷優」（gargouillou）田園嫩葉沙拉、一款已有數百萬人加以複製變化的甜點——岩漿巧克力蛋糕（the chocolate coulant），這些複製版本中，其中有些忠於原味，但額外添加個人色彩的居多；這道甜點也常被稱為「濕潤蛋糕」（moelleux）、流心巧克力蛋糕（molten chocolate cake）、楓丹巧克力蛋糕（chocolate fondant）和熔岩蛋糕（lava cake）。

對於賽巴提恩的菜式，我們知道的也很少；他每天供應的午餐和晚餐，菜色都不同，與其說是為了保持神秘，不如說是為了跟著大自然的腳步走。他的菜單靈感來自旅行——到非洲、南美和亞洲，且常在甜點部分（冷熱皆有）獲得啟發，然後他會把香料和其他調味品的配方帶回來（在布拉斯的烹飪世界裡，用「niac」一詞專指調味品），以和奧布拉克當地的果蔬香草混合應用。布拉斯做的菜中，有非常、非常多已經廣為人知。整顆煮熟，像是一顆聖誕樹裝飾球的塊根芹菜（celeriac），因撒了糖蜜橙皮粉而閃閃發亮，盤中還有牛奶凝乳（cow's milk curd）、高山茴香（bald money 或 spignel）油，以及燕麥湯。甜點則是普拉尼耶扁豆（Planèze lentil）薑餅岩漿蛋糕，佐伊巴利亞（Ibaria）巧克力雪酪和水果乾。

賽巴提恩很小心，不讓太多關於其作品、創作空間、家庭和他本身的照片在網路或電視上曝光。這是他謙遜的性格使然嗎？還是擔心萬一照片被公開，支撐 Le Suquet 的幸運魔咒，和他一磚一瓦建立的一切，就會像奶油一樣一夕之間全都融化？「我們必須保有一點神秘感，」賽巴提恩的太太，薇若妮卡（Véronique）說，「這是為了客人，也為了我們自己……」

在姓氏源於原籍地的傳統中，姓「杜穆蘭」（Dumoulin）的，來自村子裡的磨坊，「杜福爾」（Dufour）則住在烘焙坊附近，而賽巴提恩‧布拉斯在過去可

能會被稱為「杜蘇給」（Dusuquet）。他身處的地域就是他世界的中心，「我的地盤」，他是這麼稱呼的。Le Suquet 位居海拔 1,230 公尺（4,035 英尺）之處，居於山丘頂端，它的影響力遍及曾經供應過和現在仍供應其料理的其他餐廳：在高聳入天的米約高架橋（Millau viaduct）附近、在羅德茲（Rodez）、在巴黎，以及在日本。

廣義來說，奧布拉克高原介於庇里牛斯山和法國中央高原之間。它是一片面積 1,300 平方公里（502 平方英里）的飛地（enclave）——有半個布列塔尼或諾曼第這麼大——共跨越三個省：阿韋龍（Aveyron）、康塔爾（Cantal）和洛澤爾（Lozère）。這塊地常被形容為一片沙漠，但事實上它的上頭充滿生機，孕育著高達 2,000 種的植物。另外還有多條起司路線（cheese routes）經過——城鎮與村莊依其特產命名：來自蒙彼利埃（Montpellier）的，會經過洛克福（Roquefort）；若是從克萊蒙費朗（Clermont-Ferrand）而來，則會行經聖奈克戴爾（Saint-Nectaire）和昂貝爾（Ambert；是知名昂貝爾藍紋圓柱乳酪 [fourme] 的發源地）。而終點站——拉奇歐樂，不只是村莊名，也是一種用未經巴氏殺菌的奶類所製成起司的名稱，用來食用這種起司的刀具也採用相同的名字。

這塊特殊的地方，曾一度快要被「法國國家科學研究中心」（French National Centre for Scientific Research）的研究員——一群由歷史學家、經濟學家、社會學家、語言學家和動物科學家組成的大陣仗代表團完全放棄。這群人在 1964～1966 年間對當地風土進行研究，他們預測在西元 2000 年以前，奧布拉克的居民就會全部出走。的確，曳引機、銀行貸款和逐漸增加的廣大田地把奧布拉克的牧民（buronniers）和他們的牛群趕走了。奧布拉克品種牛也逐漸消失：它們被禁止參加家畜（畜牛）展覽會，而且只能依照胴體重量（carcass weight）販售。農夫們也搬到城市去，改行謀生，有些甚至搬到遙遠的南美洲。搬到巴黎的男人們，可能從事柴火搬運，而他們的妻子則經營酒吧。這種方式讓一些「布納特」（bougnats；從奧布拉克搬到巴黎者的綽號）大賺一筆，但也加快他們否認自己出身的腳步。屋漏偏逢連夜雨，傳統拉奇歐樂刀具也從這裡消失殆盡：產地改為位於蒂耶爾（Thiers）的工坊，那裡距離拉奇歐樂大概有 200 公里（125 英里）遠。

通往奧布拉克村落的道路

然而，有一小群意志堅定的年輕男女，拒絕接受命定之事。他們反轉了這個走下坡的頹勢，復興獨立思考、自給自足的耕作方式，對抗較大、較笨重也較昂貴的機械和方法所帶來的壓力。在家族經營的農場裡，他們用高品質的本地膳食，復育了牛隻，並成立合作社來處理起司相關事項。多虧了他們，這塊沙漠變成了一小片綠洲。在 21 世紀一開始時，拉奇歐樂的工作機會就比當地居民還多，且職缺數還不斷上升。今日，「綠色旅遊」（green tourism）已經取代了前往聖雅各（Santiago de Compostela）的朝聖之旅。主要街道兩旁林立著刀具店。我們必須承認，在高原上的居民比例還是不超過 3 人／（每）平方公里，但這種「人煙稀少」的實際情況在新冠肺炎流行時期，反而成為一種「豐足」：這些鄉村地區，一直以來在天然上就是與世隔絕，所以比城市更能對抗大型傳染病所帶來的悲劇和侵襲。

橫跨高原的路程是一段遠征。當雙眼飽覽北歐森林和有零星湖泊點綴的開闊平原時，會有身處蒙古草原或蘇格蘭高地的錯覺，唯一缺少的是大海。這是塊由人類和牛隻形塑出來的土地，他們帶著謙卑之心，讓大自然留有其原始狀態。這裡的人類印記來自遠古時代的文明社會：乾石（dry-stone）矮牆或草地下的舊路徑痕跡──昔日由獸群踐踏出來的牲畜道（drove road）。這片風景現在瀰漫著新鮮草本植物的香氣，等到松樹、歐洲山毛櫸和最後一根草都消失後，取而代之的是夏日灰噗噗的荒蕪景色和冬天無止境的大雪。風依舊吹著，絲毫沒有要減弱的跡象，但拉奇歐樂入口處的指標宣布路程到此結束。道路沿著 Lou Mazuc 的牆邊展開，這間位於拉奇歐樂中心的小旅館，也是第一間布拉斯餐廳的所在地。此處是賽巴提恩長大的地方，在這裡他發現了烹飪與自己的命運──一段預料中的必然結局。教堂聳立在尖坡上，而在尖塔不遠處，曾有一間婦產科（現已歇業）。賽巴提恩回憶：「我是最後一批在拉奇歐樂出生的小孩之一，我們從出生就背負某種責任。」對於賽巴提恩而言，保衛奧布拉克是一份道德義務，而他也試著盡自己的一份心力：「逆境使人成長。為了活下去，我們必須團結。大家都在同一艘船上。」

他的父親，米修，是第一代讓這塊土地復活的一份子。在一塊過往只種植馬鈴薯和高麗菜的區域，他透過他的「必要美食」（cuisine of necessity）打造了

一個舞台，能夠呈現餐廳農產供應商和其他人的工作成果。米修喜歡引用好友——阿韋龍的知名畫家皮耶・蘇拉吉的話：「方法愈受限，所呈現出來的結果就愈有爆發力。」

現在我們經過主廣場「集市廣場」（the Place du Foirail）的前方，有個長角的雕像自 1947 年起成為了廣場的主象徵。過去的農夫們來這裡販售他們的牲畜，還有在復活節前幾天的大型農業集市上喝利口酒。奧布拉克產有牛奶、牛肉（節慶時使用），也是役畜的生長地，同時盡可能地推延曳引機的進駐。這些常被烹飪書遺忘的農產品，是賽巴提恩成長歷史的一部分，而他現在正為它們鍍上一層美食的光澤：他用奶皮（milk skin）取代法式酸奶油（crème fraîche），用乳清取代奶油，在某些菜餚裡，他把鹽換成香脆的培根。而名為 Sac d'os 的法式臘腸（saucisson）絲毫不比優秀的義大利冷醃肉遜色。當地的酸種麵包經烤焦後，能讓醬汁同時迸出濃郁、酸韻、焦苦和香甜。

Le Suquet 的位置俯視著村落，但從底下依舊看不到它。它座落在山脊邊緣，直到最後一刻才會顯露身影，就像夜裡的燈籠一樣。在森林裡爬最後 5 公里（3 英里）前，我們繞到右側的 Forge de Laguiole，這個品牌主建築的頂端矗立著由菲利浦・史塔克（Philippe Starck）設計的巨大刀片。布拉斯家族用的刀都出自這間小工廠，至今賽巴提恩仍然會拿刀子來給技術純熟精良，又有耐心的工匠們磨利。

賽巴提恩很常回到他的出生地「拉奇歐樂」。和眾多頂級主廚一起工作的經驗，激發了他的興趣，滿足了他的想像，同時也讓他思考，但卻不能讓他有想要定下來的想法。

皮耶・加尼葉（Pierre Gagnaire）當時在羅亞爾（Loire）地區的聖艾蒂安（Saint-Étienne）經營自己的餐廳，他記得在 1990 年代初期和賽巴提恩共事的情況：「賽巴提恩很逗。當他看到我們把切成薄片的薩勒起司（Salers）塞到紅鯔魚（red mullet）裡頭時，眼睛張得好大。我想那應該不是他熟悉的起司！我很喜歡他。他對於家庭和友誼有著深深的敬意，而且為人非常謙遜。」

馬特（Matte）的「布隆」牧羊人小屋（Buron）

在朗德省（Landes）厄熱涅萊班（Eugénie-les-Bains）的米修·蓋拉爾（Michel Guérard）也對這個和他一起工作數月的年輕實習生印象深刻：「大家一起工作的時候，他負責用火爐烤龍蝦，然後切成薄片，和龍蒿（tarragon）一起盛盤上菜。他料理中質樸、依循本能和自然的特性，與他父親的作風極為相似。米修·布拉斯的料理是充滿詩意、有力又精準。他是一名智者，而賽巴提恩也用他自己的方式展現智慧。」

我們抵達了位於森林邊緣的目的地。幾個小時的路程讓我們飢腸轆轆。還好，賽巴提恩已經準備了一點便餐。送到我們眼前的是一只簡單的白色花瓶，裡頭插著從院子摘的花，還有一大塊麵包──和每位 Le Suquet 客人的餐點開頭一樣。這些東西擺在桌上，跟著一起上桌的還有一個具有魔力的工具，帶著賽巴提恩家族，以及奧布拉克人民的回憶──這個器具不會隨餐點撤掉更換（最好是拿兩片當地的鄉村麵包 [tourte]，夾著擦乾淨），承接起一股神聖的能量。這是 Le Suquet 刀，也是這個故事的嚮導。

被白雪覆蓋的「布隆」牧民小屋

WHITE 白

像是每個冬天讓奧布拉克高原亮晶晶的覆雪沙漠，和覆蓋在細緻冰霜結晶底下的北海道小島（一個在日本的平行世界）。像是終年從天空照看 Le Suquet 之牧民小屋的一片繁星——當賽巴提恩於日出前，出門前往市場時，天上的星系會一閃一閃。像是來自畜舍的未經巴氏殺菌奶類，這是幾世紀以來，奧布拉克的救命之物，現在也依舊受到 Le Suquet 客人的青睞；同樣來自農場的厚切培根，半軟半脆，轉化成帶香氣的粗鹽。像是用艾希爾（écir）起司（其名來自一種風暴）做成的虹吸乳醬（siphoned emulsion）。也像是記憶中永遠存在的安琪兒奶奶，她是布拉斯家族的第一位主廚，她做的起司薯泥「亞里戈」（aligot）在美食辭典中佔了一席之位。

Mémé Bras 布拉斯奶奶

「『布拉斯之家』（Maison Bras）的頭號人物是名女性——我的奶奶安琪兒，」賽巴提恩說。「是她在 1954 年，在拉奇歐樂中心，開了家族的第一間餐廳 Lou Mazuc，也是她讓故事得以延續下去，她教我工作也告訴我何謂慷慨，並讓我想更上層樓，但同時又不忘本。看過這個女人一生都為餵飽她的家人和客人而奮鬥，絕不放棄，我怎麼會想抱怨呢？每到禮拜天，奶奶會堅持做甜點給我們吃。我從來沒有看過有人可以做塔做得像她這麼快。11 點 40 分，她會先做塔皮，然後 11 點 45 分——沒時間放到烤箱烤——她會直接把塔殼放到爐子上加熱而且幾乎不會燒焦；到了 11 點 52 分，把杏仁奶油糊（frangipane）和水果填到塔殼內。中午，剛好在第一批顧客上門前幾分鐘，我們就可以吃到塔了。」

安琪兒·布拉斯（1921–2019）和她的丈夫馬塞爾（Marcel，1921–2016）早年一起離開奧布拉克南部的埃斯帕利翁（Espalion），前往「山區」，希望能在那裡找到工作。他們找到一間舊起司儲藏地窖，當時那裡已被先前的店主改成名為 Le Relais des Affaires 的咖啡廳／雜貨店／餐廳。他們把這個地方改名為 Lou Mazuc——當地方言是「布隆」牧民小屋（Buron）的意思——這種石造建築在當地是製作起司的地方。而奧布拉克的牧民（buronniers）下山到村落賣他們製作的白黴起司（bloomy-rinded cheeses）時，也真的會過來用餐。每天有超過 70 名牧民、農場工人和推銷員會來這棟石造地下室大啖農村料理，特別是來看 La Piste aux Etoiles（一個 1956～1978 年播出的法國電視節目）的馬戲團表演。Lou Mazuc 當時有幸成為拉奇歐樂第一批擁有電視的人家之一。當時餐廳的菜單就是傳統的週日家庭午餐：放山雞、慢火燉肉、溫熱的起司特產和各種塔。懂吃的人會點鵪鶉佐肥肝、烤牛肋排，還有「安琪兒的填料」（farce d'Angèle）——奶奶

用來做蘑菇派（作法請參考第 240 頁）的內餡，或是她的「雞蛋餡高麗菜捲、肋排和酸種麵包」，最後這套料理，賽巴提恩直到現在都還繼續做著，菜單上的標題是「有點像從前」（Un peu comme avant）。這道菜是他向奶奶表示敬意的象徵，但調味是他自己的風格——用了野蒜「拉姆森」（ramson）汁和柔滑的康乃馨油霜。

1962 年，安琪兒因為健康出了問題，所以請當時 16 歲的米修幫忙。米修原本計畫要當工程師，卻「偶然」成為廚師，或更確切地說，是為了符合鄉間的法律——長子要繼承家中的田產。他的弟弟安德烈（André）後來成為拉奇歐樂滑雪度假村、刀具製造商 Forge de Laguiole，與城裡幾項技術服務的管理者，而妹妹艾利安（Eliane）則成為寢具店的經理。年輕的米修跟著母親安琪兒學習，她把當地傳統料理的味道傳承給他，接著鼓勵他創作自己的食譜。米修的「創意」料理中，有四道被列在每日菜單上，標題是「主廚推薦」。「這也是奶奶表示自己『跟得上流行』的方式，」賽巴提恩提到。「與其嚴格照著傳統走，她更重視的是遵守某些原則。對她來說，重點不是單純重現一模一樣的經典菜色，而是絕對不要浪費，要能用一點點食材，做出好吃的餐點。」

賽巴提恩還記得奶奶幫他做了兒童版的廚師服，上頭有小小的排扣，連廚師高帽也一併做了。在 Lou Mazuc，她的孫子用銼過刀尖的刀子切胡蘿蔔。「我那時一直把東西的位置換來換去，或這邊偷一點食材，到那邊再拿一點，」他回憶。「基本上，我一直都知道我想要成為廚師。」他試吃過所有可以試的東西，捏過生麵團，還曾和他的朋友丹尼斯（Denis）一起狼吞虎嚥地吃光米修做結婚或生日蛋糕裝飾剩下來的焦糖堅果糖磚（nougatine）碎片和皇家糖霜（royal icing）。

同時是餐廳也是小旅館的 Lou Mazuc，是賽巴提恩的家和遊樂場。他的房間就在旅館的其中一條通道上。每天在餐廳開門之前，他會和父母、祖父母及弟弟「威廉」（William）一起在廚房吃飯，吃著奶奶的拿手菜和父親的創意料理。

安琪兒·布拉斯與兒子安德烈（左）和米修（右），
攝於 Lou Mazuc 前（1954）
——
「少婦」安琪兒·布拉斯（1954）

安琪兒‧布拉斯和兒子米修，攝於洗衣日（1950）

———

廚房裡的安琪兒‧布拉斯（2003）

———

Lou Mazuc 的復古明信片（1965）

HOTEL RESTAURANT

"LOU MAZUC"

★ ★ ▲

LAGUIOLE - ☎ 24 - AVEYRON

週日晚上，我們全家會聚在客廳的火爐旁，那是布拉斯爺爺看電視新聞的地方，若要到另兩個房間，則需要穿過餐廳。「在冬天超恐怖的！」賽巴提恩邊回憶邊發抖。「當我們必須走過空盪盪的桌椅時，我跟我弟超怕的。屋外的風常常透吹得進來，梁柱吱吱作響。我們的直覺是，Lou Mazuc 裡一定有鬼。」晚上，當賽巴提恩入睡時，廚房的煙依舊會從他的窗戶底下噴進來。他已經習慣外面繁忙馬路傳來的噪音。他的母親——吉娜特（Ginette）在 Lou Mazuc 營業時就擔起餐廳迎賓的工作，也負責整理獲得高度讚賞的酒單，但她一想到過去晚餐之後常發生的事，就背脊發涼：「在前門附近有個牛圈柵欄，只要有車子經過，你就會聽到『空隆空隆』的聲音。」我們都不太敢問客人睡得好不好，因為實在太不好意思了。

《洛杉磯時報》（Los Angeles Times）的美籍評論家大衛‧蕭（David Shaw）似乎不在意柵欄傳來的噪音，他反而是被餐廳的料理迷住了。他形容 1987 年夏天造訪 Lou Mazuc 的經驗就像被施了魔法（當時賽巴提恩快要 16 歲）。「在我們旅程的最後一天，我們注意到有個小型馬戲團來村子裡表演，」他回憶。「馬戲團的帳篷豎立在廣場裡，就在村子的象徵性地標：一頭宏偉的銅牛旁邊。傍晚，有幾個媽媽帶小孩來摸摸獸欄裡的駱駝、羊駝、猴子和其他動物……我朋友露西還建議我們取消當天晚餐，去看馬戲團表演。但那是絕對不可能的，我告訴她：『我工作時，已經看夠多小丑了，而且外面也吃不到西芹冰淇淋啊？』」

幾年之後，布拉斯家族的人意識到餐廳的水準已經超過旅館了：米修的料理需要更大的發揮空間。所以他們在蘇給之丘開了一間新餐廳，安琪兒‧布拉斯也跟著過去。每天早上，她照常在腰間綁上圍裙。即使已經 85 歲高齡，她依舊開著她的「雷諾超級五號」（Renault Super 5，那台車上有當地乳品合作社的乳清味）。她會準備員工餐，且絕對不讓任何人接手慢煮起司薯泥「亞里戈」的工作。她是做這道阿韋龍省經典菜色的權威，這道菜甚至以她的名義出現在《法國權威美食大全》（Le Grand Larousse Gastronomique）。據傳，這道菜的起源可追溯回中古世紀，當時飢餓的朝聖者拜託修道士給他們「一點東西」（something）吃——「一點東西」的拉丁語為 aliquod。

奶奶對於用料很講究：馬鈴薯要使用「賓杰」（Bintje）或最頂級的「博韋學院」（Institut de Beauvais）品種。後者上面有許多黑點，很難用刀子清乾淨，所以常常被用來餵豬，但其實它們又鬆又甜。安琪兒還有兩個秘訣，讓她的起司薯泥美味程度遠遠勝過其他人：她會先將馬鈴薯蒸過，這樣可以預防它們出水，再用攪拌機裝上槳板配件（paddle attachment）攪打均勻，以達到充滿空氣感的質地。接著，把拉奇歐樂起司切成薄片，並加熱到 63～64°C(145～147°F)，也就是建議的融點（她無需使用溫度計就可以精準判定）。最後的步驟則是「紡紗」（filage），是把起司打進薯泥，用木湯匙將整體延展到鍋子三倍高。「亞里戈」會像瀑布一樣拉長，再慢慢地掉回鍋中。「紡紗」步驟會以桌邊秀的方式呈現。

安琪兒‧布拉斯用堅定不移、可靠嫻熟的技巧和完全投入的心力來做菜，直到她的視力開始退化為止。「在主廚旁邊，做著她一直熱愛的工作，讓我的奶奶永保青春，」賽巴提恩提到。奶奶在 2019 年 9 月過世，享耆壽 98 歲。她的精神永遠留在 Le Suquet 料理的各個面向裡，而她的招牌菜「亞里戈」就這樣一直留在布拉斯的菜單上，旁邊寫著「當地慶典的必備料理」（l'obligé des fêtes du pays）。這道美味的薯泥還可以變化出充滿堅果香的橘色版本，也就是用洋蔥南瓜（onion squash）取代馬鈴薯（作法請參考第 30 頁）。賽巴提恩版的「亞里戈」還會加上香腸肉汁增加濕潤度，並用烤過的麵包、核桃、烘過的栗子或羊肚菌調味，甚至加入產自康普雷格納克的松露（Comprégnac truffles）以增加香氣——最後這項食材是賽巴提恩唯一允許自己使用的「奢侈品」，因為它是一種當地的稀珍美味，採收於米約高架橋附近。有時，賽巴提恩懷念起安琪兒奶奶的慈愛、謙遜與大方，他會以原版的方式重現這道菜，就僅用馬鈴薯、當地起司、法式酸奶和不可或缺的蒜瓣製作。

洋蔥南瓜亞里戈，佐濃縮肉汁、炸麵包，與圖比埃核桃調味料

Onion squash aligot with rich jus and a fried bread
and Thubiès walnut seasoning

這道菜受到布拉斯奶奶的傳統食譜啟發，其顏色與風味非常適合搭配野味。1990 年代，當賽巴提恩在法國名廚皮耶‧加尼葉（Pierre Gagnaire）的餐廳擔任學徒時，他被要求幫小餐館做一道「亞里戈」。到了要上菜時，賽巴提恩才發現薯泥沒辦法拉長，原因是料理中所使用的「多莫起司」（tome）還不夠熱⋯⋯對於一個土生土長的奧布拉克人而言，這個狀況真是讓他無地自容，即使過了 25 年，他都還記得一清二楚！

備料

豬肩肉（梅花肉）600 克／奶油 100 克／胡蘿蔔 100 克，切片／洋蔥 50 克，切末／大蒜 1 瓣，切半／不甜的白酒 100 克

豬肉肉汁 把豬肩肉切成大方塊。取一大醬汁鍋，開大火融化奶油，將豬肉煎至微微焦黃。加入胡蘿蔔、洋蔥和大蒜，把火調小，繼續加熱幾分鐘讓食材上色。用白酒刮起鍋底精華後，倒入 1 公升清水，接著用小火慢慢煨煮 1 小時。時間到後，把肉汁過濾到乾淨的鍋中，接著收汁到糖漿狀。常溫置於一旁備用。

「博韋學院」馬鈴薯 400 克，仔細去皮後，切成小方塊／洋蔥南瓜 250 克，去皮去籽後，切成小方塊／奶油 40 克／牛奶 80 克／淡鮮奶油（whippingcream）40 克／核桃油 15 克／鹽

馬鈴薯南瓜泥 將馬鈴薯和南瓜蒸熟，或用大鍋加鹽水煮 10 分鐘。用細孔壓泥器（food ricer）製作蔬菜泥，或直接搗成泥，然後加入奶油、牛奶、鮮奶油和核桃油。最後以適量鹽巴調味，拌勻。

乾硬的老酸種麵包 30 克／澄清奶油 500 克（作法請參考第 80 頁）／核桃 30 克

炸麵包埃核桃調味料 將烤箱預熱至 180°C（350°F），用鋸齒刀切除麵包外皮。將麵包體切成大方塊後，放到網篩上壓出極細顆粒的麵包粉。澄清奶油放到大鍋中加熱到 180°C（350°F），接著倒入麵包粉，炸至淺金黃色。用圓錐形過濾器撈出，以廚房紙巾吸除多餘油脂，置於一旁備用。

把核桃分散放在烤盤上，放入烤箱烘烤 15 分鐘，直到變成金黃色。等放涼後，將其切成和麵包粉一樣大小的細末，並與麵包粉混合均勻。

上桌前擺盤

新鮮奧布拉克多莫起司 150 克，切成條狀／洋蔥南瓜片適量，清洗乾淨並去皮／蒜末適量（可省略）

將南瓜薯泥放入鍋中，以中火加熱，需不停攪拌以免黏鍋。加入新鮮多莫起司，慢慢攪拌到起司完全融化。要達到完美彈性的理想溫度是 65°C（149°F），但溫度可能會因多莫起司的熟成度和產地而略有不同，請相應調整。

等起司薯泥達到正確的溫度和理想的質地後，將「亞里戈」裝入上菜碗中。加入大約 2 大匙的豬肉肉汁、1 大匙的炸麵包核桃調味料和幾條南瓜片。賽巴提恩還喜歡在最後加一些蒜末。需立即趁熱享用，以免「亞里戈」失去彈性。

Winter 冬

深深沉思中的賽巴提恩，跟著雪地裡動物的蹤跡——鹿或鳥類尋找食物的腳印——走著。他有很多可以思考的時間。身旁有妻子薇若妮卡的陪伴，他享受著這個最適合在溫暖的地方擠在一團、和朋友相聚、反思過去幾個月以來全力以赴的工作，以及想像未來的季節。

從 11 月中到 4 月第一個禮拜暫停營業的 Le Suquet，是一間空蕩蕩的大房。「很像電影《鬼店》（The Shining）裡的飯店。」賽巴提恩笑著說。冬眠中的餐廳，陷入昏昏欲睡的狀態，彷彿以慢動作緩緩地進行修復。木匠和電工正在處理建築物中需要修繕的部分。每個人都記得有一年大雪把大門卡住，整整三天無法進出的往事。為了品嚐春天、夏天或秋天的味道，客人在好幾個月前就會先打電話來預約。

從觀景窗看出去，一片片的玻璃把景觀分割成許多張黑白照片，陰影被冬日風暴（稱為「艾希爾」[écir]）所帶來的乾霜（dry frost）劃出一道道的痕跡。雪花像是大量落下的過篩麵粉，把高原轉換成一片大浮冰。樹木逆光的剪影很顯眼，樹枝就像細細的血管延伸至天空。

在拉加代勒的園圃裡，韭蔥和其他冬季蔬菜成長著，供應布拉斯家族自用。

廚房裡，穿著防寒短上衣的男女把自己關在糕點工作室裡。他們正在準備餐廳開業時即可享用的醃漬物（用乳酸發酵蔬菜、製作黑蒜罐頭和糖漬檸檬），同時進行烹飪實驗（調和水果白蘭地「生命之水」[eaux de vie] 的新配方、自製瑞可塔起司和瑪茲瑞拉起司）。

關於風味，賽巴提恩想起他兒時吃的栗子，在餘燼上烤，再泡到一整碗牛奶裡。一家人在週日散步回家後會享用的餐點：「亞里戈」起司薯泥（用新鮮多莫起司和馬鈴薯製作）和奧佛涅起司薯餅（rétortillat 或 truffade，用新鮮多莫起司、拉奇歐樂起司和煎馬鈴薯製成）。

在賽巴提恩的回憶之中，有拉奇歐樂滑雪俱樂部的課程；和朋友一起在阿爾卑斯山露營的那個禮拜；和孩子們一起蓋的冰屋。

被白雪覆蓋的「布隆」牧民小屋

拉奇歐樂和聖於爾西茲（Saint-Urcize）之間

烤帕爾代揚蕪菁、朝鮮薊
和發芽種子

Tender roasted and studded Pardailhan turnip,
Macau artichoke in court bouillon and crispy sprouted seeds

帕爾代揚蕪菁生長在附近的埃羅（Hérault）省，風味香甜並帶有堅果香氣。採收期為冬季且產量相當稀少，常被誤認為是其他較常見的品種。

備料

毛豆仁 50 克／鷹嘴豆 100 克
／橄欖油，油炸用／鹽

發芽種子 毛豆仁和鷹嘴豆泡水 6 小時，泡好後，濾掉水分並沖洗乾淨。將兩種豆子放到玻璃罐中，上面罩上紗布或起司濾布，放進冰箱冷藏。定時澆水 3 ～ 5 天以刺激發芽。

等豆子發芽後，把油燒熱至 150°C（300°F）。放入毛豆仁和鷹嘴豆，油炸 3 ～ 5 分鐘到完全上色。用廚房紙巾拍乾，撒上少許鹽調味。

帕爾代揚蕪菁 4 根／鹽漬鯷魚，
縱切成長條狀／橄欖油，
烹煮蕪菁用／花椒粒適量／鹽

蕪菁（turnip） 切除蕪菁頭部和尾端最細的部分，接著用鋼絲絨輕輕刷除所有泥土和細根，並清洗乾淨。用刀子在蕪菁上切出小縫，把鯷魚條塞進洞裡。將蕪菁放在鋁箔紙上，一條一張，每份各撒上一小撮鹽、淋點橄欖油和放幾顆花椒粒調味，最後用鋁箔紙把整根蕪菁包起來。

鹽 15 克／橄欖油 100 克，預留
分量外油炸和製作朝鮮薊泥用
／檸檬皮屑 2 克
／柳橙皮屑，一整顆水果量
／西芹葉適量
／馬交朝鮮薊（Macau
artichokes）2 顆

朝鮮薊（artichokes） 在大醬汁鍋裡裝 1 公升清水，放入鹽、橄欖油、檸檬及柳橙皮屑和西芹葉，一起微火滾 15 分鐘，即完成「（法式）蔬菜高湯」（court bouillon）。

朝鮮薊去除外表硬皮，用手掰斷莖部，不要用刀切，以去除所有粗纖維。取湯匙去除絨毛（choke），利用蔬菜切片器（mandoline）將朝鮮薊切成厚度 3 公釐（⅛ 吋）的片狀。在煎鍋（平底煎鍋）中，把油燒熱至 180°C（350°F），放入一半的朝鮮薊片，油炸 2 ～ 3 分鐘至酥脆。剩下的朝鮮薊片放入蔬菜高湯中煨煮 10 分鐘，置於一旁備用。選出三分之一最小片的煮熟朝鮮薊，秤重後放入果汁機裡，並倒入重量 10% 的橄欖油，一起打成泥。

上桌前擺盤

牛皮菜（chard）嫩葉適量
／鯷魚 4 條，捲起來

將烤箱預熱至 180°C（350°F），並點燃炭火烤爐。蕪菁自鋁箔紙中取出後，放到炭火烤爐上炙出焦痕，接著放進烤箱繼續烤 20 分鐘至熟軟。用刮刀舀一些朝鮮薊泥在盤底鋪平，把煮過和炸過的朝鮮薊片，以及一根烤熟的蕪菁擺到盤中。最後加上香脆發芽種子、幾片牛皮菜嫩葉和一捲鯷魚。

NOTE ——朝鮮薊要選鱗狀苞片非常「密合」，莖部很硬實且容易掰斷的。

The 'hedgehog' 「刺蝟」

一隻特殊的「刺蝟」在 Le Suquet 的廚房找到了棲身之地。其實它是布拉斯家族發明製造過的無數工具中的其中之一——一塊用來插洞以製作酒心糖（liqueur bonbons）的板子。沒有這個器具，套餐很可能就缺少了完美甜點的收尾，無法用成熟水果或野生香草畫下休止符。

這些甜點（糖果）會放在一台手推車上，一起推出來的還有甜筒（隨機內餡）、雪酪（山椒口味）和冰淇（烤梨 [Comice pear] 佐榛果奶油、烤浮華士平麵包 [fouace bread] 與小荳蔻或凝乳）。其他零星的小甜點還包括特級可可甘納許、一杯杯奶泡和加了馬斯科瓦多黑糖（muscovado sugar）調味的濃郁重乳脂鮮奶油（double cream），或巧克力膨穀脆餅——靈感來自賽巴提恩以前放學回家途中，在村子小店裡買來吃的巧克力棒。酒心糖則是賽巴提恩依據記憶中另一道兒時甜點設計的：賽巴提恩的阿姨常帶來的一種糖果，那是在拉奇歐樂附近，埃斯帕利翁的博訥瓦爾修道院（Bonneval Abbey）做的。打開包裝紙，每顆糖果的巧克力外殼內，包裹了液態利口酒夾心（西洋梨、蘭姆或柳橙）。賽巴提恩回憶：「小時候的我，好喜歡酒心巧克力微微刺激的口味，讓我覺得自己像個大人。吃起來完全不像我在 Lou Mazuc 冷凍庫偷拿的巧克力或香草冰淇淋，裡面有白蘭地啊！」

為了這些餐後小點（canailleries，餐廳用語，指飯後一口烘焙點心 [petit-four] 和其他精緻小點），賽巴提恩修改了修道院甜點的形狀：原本的造型是迷你酒瓶，但賽巴提恩比較喜歡做成圓錐狀，就像沾了粉雪的奧布拉克松樹，他還把免調溫巧克力糖皮（chocolate coating）改成糖。現在輪到「刺蝟」登場了：手工製作的板子可以在一大塊澱粉磚上打出許多洞，將熱糖漿（水、糖、葡萄糖和利口酒）倒在裡頭。糖漿一接觸到澱粉便會產生化學反應結晶化，形成一層薄薄的糖殼，而裡頭依舊維持液體的狀態。這些甜點之後會送進烤箱 12～24 小時。製作這些餐後小點，充滿技巧，錯誤的量或煮糖漿時失誤，都會造成整顆甜點完全結晶化。

由於這類甜點自 19 世紀起，已經漸漸消失，所以賽巴提恩拚命地想找出製作方法。固定供貨給餐廳的甜點師，是向批發商購買現成的澱粉圓錐筒，而博訥瓦爾修道院的修女也拒絕透露秘方。但賽巴提恩沒有被這些問題難倒，他轉而請他的叔叔安德烈・布拉斯幫忙。叔叔設計了一個板子，上頭有許多熱塑性塑膠（propylene）製的圓錐狀突起。叔叔這位巧手發明家已經幫餐廳做了許多客製化的物件和器具，包括製作流心岩漿蛋糕用的矽膠模、製作「僧帽」（capuchins；請參考第 84 頁）用的錐形筒不鏽鋼模，還有當客人選擇在自己房內，而不是到餐廳享用餐點時，會用到的不鏽鋼三層托盤。「我喜歡能讓生活更便利的東西。」安德烈說。

如果製作正確，「松樹造型」的甜點在口中化開時，裡頭的酒心就會流出。製作這些「瓊漿玉液」需要耐心地採摘野生植物，和長達數月的浸漬。一開始它們被泡在義大利檸檬甜酒（limoncello）、龍膽利口酒（gentian liqueur）或加味蘭姆酒裡；之後再泡到旋果蚊子草（meadowsweet，又譯為「繡線菊」，帶有淡淡的杏仁味）糖漿或黑莓與泰國青檸（makrut lime，一種具有微微檸檬香茅、薑和芫荽味道的柑橘）的混合液中。另外還有兩種植物性混合液：使用拉加代勒植栽調成的「花園之水」（Eau d'Orth，d'Orth，在當地方言是「來自花園」的意思），以及使用溝渠旁各種野草混合而成的「溝渠之水」（Eau de Bartas）。這是布拉斯的夏翠絲酒（chartreuse，也譯為「查特酒」）[1]——而奧布拉克就是它的修道院。

和訥瓦爾修道院的修女不肯透露酒心巧克力的配方一樣，賽巴提恩也不告訴別人自己釀的利口酒中，有什麼材料以及比例如何。我們只發現這些小糖果裡常出現「菊蒿」（tansy，也稱「艾菊」）。這種植物的英文名稱還有 bitter button、cow bitter 和 golden buttons，以能夠提神的特性聞名，但懷孕婦女要避免食用。有些養蜂人會在他們的發煙器中燃燒這種植物，驅趕蜜蜂。「來自拉加代勒的外婆以前常在我們肚子痛的時候，給我們喝菊蒿茶，」賽巴提恩回憶。「我真的不喜歡！但現在那個薄荷醇味變成我身分認同的一部分。我喜歡把它加進巧克力甜點和我們的酒心糖裡，做為餐後小點。」

1　譯註：使用多種草本植物釀製的利口酒。

剛注入熱覆盆莓糖漿的洞

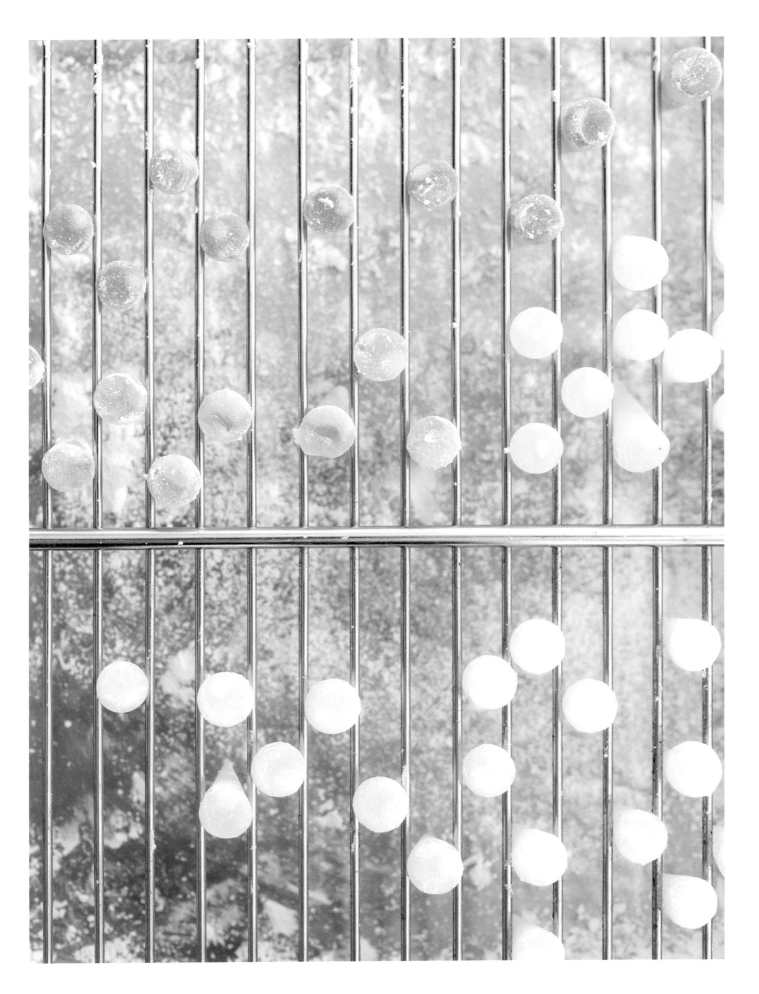

在架子上晾乾的結晶酒心糖

用當地植栽與水果
做的酒心糖

Liqueur bonbons made with local plants and fruits

這個食譜用的酒精性飲料，應該都能在商店買到，但您也可以做做實驗，根據個人口味和當地取得方便性，更換酒的種類。在 Le Suquet，本地野生植物（菊蒿、旋果蚊子草、甜三葉草 [sweet clover] 等）會趁一摘回來、風味最多重的時候，就進行浸泡。

備料

玉米澱粉 3 公斤

澱粉模 將烤箱預熱至 40°C（104°F）。玉米澱粉過篩以打散結塊和去除雜質後，平鋪在烤盤上，放入烤箱烘乾一晚。

隔天，用打蛋器把玉米澱粉攪散、注入空氣，接著將其中的 2.5 公斤放入大小為 20×40×5 公分（8×16×2 吋）的木框或金屬框中，單層鋪平，高度約為 4 公分（1½ 吋）。把小圓錐狀物體放入玉米澱粉中，做出大小統一的凹洞。將玉米澱粉模放回烤箱，乾燥數日。

糖果食材
西洋梨或李子
細砂糖 100 克／水 33 克
／液態葡萄糖 3 克
／西洋梨或蜜李利口酒（plum liqueur）20 克／檸檬汁 16 克

龍膽（Gentian）
細砂糖 100 克／水 30 克
／液態葡萄糖 4 克／黃龍膽 1 克
／龍膽利口酒 36 克

夏翠絲（Chartreuse）
細砂糖 70 克／水 25 克／液態葡萄糖 8 克／夏翠絲酒 72 克

覆盆莓
細砂糖 80 克／水 33 克
／液態葡萄糖 6 克／覆盆莓利口酒 35 克／草莓汁 4 克

酒心糖 將烤箱預熱至 37°C（99°F）。把每種口味製成糖漿：糖、水和葡萄糖倒入醬汁鍋中，開小火加熱，邊煮邊攪拌至沸騰。在煮的過程中，糖漿容易在鍋邊乾掉、結晶化，因此請用沾濕的乾淨刷子，定時清理鍋邊。等糖漿到達 118°C（244°F）時，移鍋熄火，稍微放涼備用。

下一個步驟非常重要，所以不要急！重點是得到完全平滑的含酒精糖漿。慢慢地把利口酒和檸檬汁或草莓汁（若有）加到糖漿中，輕輕地畫圈，攪拌到整體變得滑順。用自動漏斗填餡器（piston funnel）將含酒精糖漿倒進玉米澱粉的凹槽中。等所有的洞都填滿時，把剩下的玉米澱粉篩到糖果表面。

放入烤箱，用 37°C（99°F）烘烤 20 ～ 24 小時，直到酒心糖邊邊的糖微微結晶化。小心用叉子將糖果自模中取出，用刷子把多餘的玉米澱粉刷掉。

上桌前擺盤

黑醋栗葉 10 片／蛋白 1 顆
／細砂糖適量

將黑醋栗葉洗乾淨，摘去葉梗。用叉子稍微把蛋白打散，刷在葉子上，接著再撒細砂糖。置於室溫，乾燥數小時。

這些糖果可在餐後搭配甜點或咖啡一起享用。

NOTE —— 所有用來製作糖果的用具都必須極度乾淨：糖漿製作是一道非常精細的工作，任何雜質都會造成無法控制的結晶化。做好的糖果可以放在烤箱或開放空間數日，但是它們會愈來愈結晶，所以請趁早享用。

Making emulsions 製作乳醬

分子料理教父亞伯特·阿德里亞（Albert Adrià）和他的哥哥分子料理大師費蘭（Ferran）一起打理位於加泰隆尼亞的實驗性餐廳「鬥牛犬」（elBulli）。1990 年代晚期，他們與甜點師來到「蘇給之丘」考察。這段研修之旅只為期一週，但甜點師卻把所有事記得清清楚楚。「當時餐廳真正的掌權者是米修，賽巴提恩還在慢慢接班，布拉斯奶奶每天早上都會準備『亞里戈起司薯泥』，我那時很好奇布拉斯一家怎麼能做到這樣穩定的分工……我很了解海鮮料理，所以我反而希望能看到他們怎麼處理陸地和山區的食材。我也注意到餐廳的經典料理『岩漿蛋糕』，當一道甜點能像這樣被全世界模仿時，那就是不朽。」他們的會面就像是一場文化衝擊。一邊是賽巴提恩送上烤雞佐肉汁，還有產自園圃的蔬菜、來自高原的香草和松露薄片。另一邊是阿德里亞端出他解構的「雞肉咖哩二式」，盤子上有肉汁、膠凍和一勺橢圓橄欖球狀（quenelle）的香料冰淇淋，但完全沒有任何會讓人聯想到雞肉的形體。

「那是分子料理受到熱烈討論的時期，」賽巴提恩回憶。「當時流行的是超乎以往、令人驚嘆、意想不到的視覺效果、新的質地，以及神秘且未知的味道。我的心中充滿問號，不知道我們是不是就這樣成為過時產物了。」同樣的想法在二十多年前也曾湧入米修的心中，當時是「複合式料理」（fusion cuisine）的全盛時期，而面對自己做的「奇異果鮭魚」，加深了米修想要回到他所愛之事的念頭。為了讓自己的思緒清楚一點，隔年在當時的副廚瑞吉斯·聖熱涅（Régis Saint-Geniez）的陪伴下，賽巴提恩參加 elBulli 辦在巴塞隆納的研發工作坊。

亞伯特·阿德里亞高興地向賽巴提恩展示他們正在進行的釀造計畫：正在冒泡泡的試管、小玻璃瓶和量瓶，就像計畫背後的創意與想像。這一對在 1990 年代發起一場烹飪革命的西班牙籍兄弟，想要超越讓他們成名的技術：凝膠化作用（gelification，使用藻類、寒天）、乳化（emulsification，使用大豆卵磷脂）、晶球化反應（spherification，將食材與海藻酸鈉 [sodium alginate] 混合，再浸泡到鈣中，以創造出特別的「橄欖狀晶球」[spherified olives]）。亞伯特·阿德里亞解釋：「我們不管規則。對於我們來說，1+1=3。」

但這些知識完全無法引起賽巴提恩的共鳴：「我一直都很喜歡烹飪背後的科學和工程原理，但我更相信直覺。」他說。「比如說，我正在讀艾維·提斯（Hervé This）的書，他發明分子料理的原則也解構烹飪方法。他用科學告訴我們如何處理特定種類的肉品，解釋為什麼加檸檬到雞蛋的蛋白質中，有助於得到平滑的打發蛋白等。」當時正值賽巴提恩在 Le Suquet 努力應付甜點製作化學基礎知識的時刻，這是一門在測量、溫度、麵團休息或烹調時間上犯了一個微小錯誤，就會造成極嚴重後果的學問，而且和鹹食不同，這個錯誤是無法挽救的。在這個時期中，賽巴提恩也製作工具，並試著讓自己能更提升甜點的功力。因此，與其使用烘焙刷沾麵糊，一次一片做出甜點「瓦片脆餅」（tuiles）的形狀，他建議和他一起工作的廚師使用模板（stencil），這是一種食品級的塑膠塗層，上頭已經預先畫好瓦片脆餅的形狀。他把麵糊倒在模板上刮平，然後再拿掉模板。你看看！「我們可以省 8 ～ 10 倍的工作時間。」他說明。

賽巴提恩帶著一些讓他心神不定的答案，從巴塞隆納回到法國。他不執著於過去，也不想過度現代化。他認為應該抱持「走自己的路」的堅定信念，所以，決定不走分子料理那條路。「那不是我們想要說的故事，」賽巴提恩下結論。「我很欽佩 elBulli 的料理，那些簡單小盤的餐點，符合西班牙小食（tapas）文化，可以和朋友一起分享。但亞伯特要求無窮盡的創意，而我們則認為要設下某些限制，如尊重季節、生產者和物產。我比較喜歡建構，而非解構；與其舊地重遊，不如造訪新地點。」

上述兩種實踐方式，並無法真正混合在一起。分子料理本質上是依據形質轉化的科學，而 Le Suquet 則是因為可以取得品質優秀的食材，所以只用火焰或刀處理就是最棒的方式。「我們喜歡客人在用餐中了解吃下肚的東西是什麼，也能好好享用，」賽巴提恩繼續說。「把我們的蔬菜、肉類、起司或魚做成凝膠，會讓我不開心。」他有的時候也會製作凝膠，「但是這些東西本身絕對不會單獨成為一品；整道菜也不是以它們為主題，」他解釋。「再者，口感質地間的對比，並不是我食譜中常見的主線。」

然而，有時他還是會使用分子實驗室的技巧：利用二氧化氮氣彈和虹吸原理製作乳醬，這樣能讓泡沫和奶霜輕盈具有空氣感。這個裝置，之前是用來打氣泡水或打發鮮奶油，直到 1990 年代中期，才由 elBulli 帶起一陣風潮。賽巴提恩在乳化（肉汁）時，會用傳統法，即把含油的汁水放入果汁機中攪打，引入氣泡，或是使用氮氣氣彈。當他需要用甜三葉草做出一朵雲時，就會使用分子處理法。甜三葉草是產自奧布拉克的一種花，乾燥時嚐起來有香草的味道。這個會發出「噗嘶」聲的技巧變成了鱈魚的詩意搭擋（作法請參考第 48 頁），一起呈現的還有蘆筍、水波鵪鶉蛋、蘋果醋漬油炸乾麵包和香脆瓦片。

賽巴提恩和亞伯特的會面結出了果實。「我們學到許多不同的東西，甚至是來自完全相反的另一端，」來自拉奇歐樂的大廚說著。「不同？沒錯，我們的確不同。」他的加泰隆尼亞籍同行表示同意，並改述保羅・博古斯（Paul Bocuse）的說法：「但我們的烹調方式並沒有不一樣。我只知道兩種烹調方式：好的和壞的！」亞伯特回想起的不只是他們相反的意見，還有一個他與客人一起去看巴塞隆納足球俱樂部隊（Barcelona FC）比賽的夜晚。「我想讓賽巴提恩和瑞吉斯多了解一點我們的文化，」他開玩笑說。「但是，他們在來體育場的路上被擋下來了，因為他們兩個的褲子口袋裡都帶了違禁品：產自拉奇歐樂的刀子！」

醃鱈魚中腹，
佐酸種麵包、甜三葉草乳醬
及嫩荷蘭豆

Slowly poached salt-cod loin with sourdough bread,
sweet clover emulsion and early mangetout

甜三葉草是種生長在溝渠的野生植物，它類似香草的香甜風味來自所含的化合物「香豆素」（coumarin），可以平衡鱈魚的濃重風味。

備料

大麥 140 克／葵花油 300 克	**膨麥脆皮（Puffed barley crust）** 將加了一點點鹽巴的 1.2 公升淡鹽水煮滾，放入大麥煮 30 分鐘，直到可以輕易用手指壓碎。瀝出大麥，保留煮大麥的水和 40 克煮熟的大麥。其餘的大麥用果汁機攪細碎。慢慢添加預留的煮大麥水到大麥細粉中，直到整體達到「法式天鵝絨醬汁」（velouté）的質地。 將烤箱預熱至 80°C（175°F）。用刮刀將大麥糊非常薄地攤開在鋪有防油紙（蠟紙）的烤盤上，放進烤箱烘乾 30 分鐘，直到變硬成一張脆紙。把脆紙掰成約 15×8 公分（6×3吋）大小的薄片數片。將油倒入大醬汁鍋中，加熱至 220°C（428°F），接著放入乾大麥片炸至金黃。炸好的膨麥脆皮用廚房紙巾吸乾油份，置於常溫備用。
蛋 1 顆／蔬菜高湯 100 克，預留一些分量外的稀釋用／甜三葉草油（請參考下方 **NOTE**）100 克／鹽	**甜三葉草乳醬** 把一醬汁鍋的水煮沸，放入雞蛋煮 6 分鐘，接著沖冷水及剝殼。將半熟水煮蛋和蔬菜高湯放入果汁機中，攪打 1 分鐘，並慢慢倒入甜三葉草油。用一些蔬菜高湯或水稀釋，再加適量鹽巴調味。
白醋 30 克／鵪鶉蛋 12 顆	**鵪鶉蛋** 將 500 克水放入中型醬汁鍋中，煮到冒小滾泡，倒白醋並放入鵪鶉蛋煮 2 分鐘。煮好的蛋沖冷水、剝殼，置於一旁備用。
荷蘭豆 200 克，撕去粗纖維	**荷蘭豆** 荷蘭豆洗乾淨後，放入沸騰的鹽水中煮 3 分鐘左右（需保有一點脆度）。撈起並沖冷水置於一旁備用。
去鹹後的鹽醃鱈魚中腹 400 克／核桃油 40 克	**鹽醃鱈魚** 將烤箱預熱至 80°C（175°F）。用烘焙刷把核桃油刷到鱈魚上，接著放到鋪有防油紙的烤盤上。烤 10～15 分鐘，只要魚排中心溫度達到 42°C（108°F），就要立即自烤箱取出。順著魚的紋理分成幾片好看、能引起食慾的魚塊。
蘋果醋 100 克／細砂糖 25 克／乾硬的酸種麵包 60 克	**酸麵包** 取一醬汁鍋，慢火溫熱蘋果醋、糖和 50 克的水。將麵包切成 1 公分（½吋）見方的小塊，泡到溫糖醋水中。

上桌前擺盤

荷蘭豆的花和葉適量／鹽和現磨黑胡椒	用虹吸氣壓瓶擠出一些甜三葉草乳醬到盤中，撒上預留的熟大麥，小心將魚塊擺在上頭。讓一些浸泡過的麵包塊散落在盤中並添上荷蘭豆。最後是 3 顆低溫泡煮鵪鶉蛋和放在最上頭的膨麥脆皮。以鹽和胡椒調味，並以荷蘭豆花和葉裝飾。 **NOTE** —— 甜三葉草油是用盛開的甜三葉草花製成的。花會浸漬在溫葡萄籽油中 1 天到 1 週，浸漬時間依據想要的味道強度而定。

Milk moustaches 牛奶白鬍子

我到現在都還記得新鮮牛奶留在我舌頭上的濃醇香，喝第一口就能感受到極高的鮮度，蓋住後頭類似乾草的青草餘味。好像我在吃一種液體，有種很奢侈的感覺，似乎有很濃郁、很健康的東西流經我的喉嚨。記得當時 5 歲的我拉著這個幾乎和我一樣大的鋁桶，而早晨 6 點我外公剛結束在穀倉裡的擠奶工作。穀倉的梁柱很低，裡頭有捆成長方形，人力堆高的稻草塊。我俯身靠著牛奶桶，再抬起頭時，臉上帶著白色的鬍子。

拉加代勒農場是我放假時的「海灘」。在我 15 歲以前，每年都會在那裡待上一整個夏天，有時是跟弟弟威廉，有時和朋友，有時則是自己一個人。我在那個距離拉奇歐樂 8 公里（5英里）、蘇給之丘 13 公里（8 英里）的地方度過好多快樂的日子，自由自在地漫遊在田野、樹林和果園之間。這是我母親吉娜特的父母——瑪莉亞外婆（Mamie Maria；1925–2015）和喬瑟夫外公（Papi Joseph；1920–2015）的農場，他們住在那裡，舅舅和表弟妹們也住在附近。從農場走 5 分鐘就能看到一個非常小的堡壘，裡頭保留了兩個塔——一個圓的、一個方的——那也是他們財產的一部分。有時我們會開玩笑稱它為「城堡」，然後在城堡的古牆前玩時，會假裝自己是個騎士。

我記得在穀倉和花園棚舍裡找雞蛋。它們是很好的維生素來源，那時大人允許我一天吃一顆。父親告訴我，他年輕的時候常常到 Lou Mazuc 附近的農家庭院裡偷雞蛋，而農夫永遠搞不清楚為什麼他養的雞都不生蛋！這個兒時回憶成為父親創作「帶殼半熟蛋佐麵包條」（*oeuf mouillette*）的靈感來源：在蛋殼裡填入輕盈的香草奶霜，風味油（infused oils）和醋，最後在頂端撒上香脆的配料。要拿來蘸著吃的「士兵」，是酥脆可口的烤蔬菜麵包條（mouillette）[2]。這道開胃菜喚起我的類似回憶，而我現在每天還是會供應這道菜的變化版本。我的版本保留了這些田園風味：鮮奶油、蒔蘿、一些會起泡、帶煙燻味、微酸的東西。

外公外婆同樣也允許我喝桶子裡的牛奶。我以前常拉著 20 公斤（44 磅）的牛奶桶，從穀倉走到農舍的廚房，外婆會在那裡用醬汁鍋熱一些牛奶，之後牛奶被放在農舍外一間單獨的房間（稱為「後廚房」或「洗滌室」[souillarde]）裡冷卻一晚。這間儲藏室在夏天是個涼爽的遮蔽處，同時也儲存一些直接冷食的熟肉（如鹽醃臘腸）和其他物品。

一大清早，外婆便會小心取下結在牛奶表面，大約 1 公分厚的鮮奶油層（奶皮），放在一個舊綠色碗中。這張「奶皮」可以像奶油一樣吃掉，是人間美味！外婆會用它來製作「帕斯卡德」（pascade）[3]，這個巨大的餅是外公和舅舅早上 8 點從穀倉回來時的食物。他們一早起床可能只喝杯咖啡，但兩小時過後，這張一部分軟、一部分脆的餅就可以填飽肚子。至於安琪兒奶奶，如果是在拉奇歐樂的餐廳裡，她會把奶皮塗在一片麵包上，上頭再刨點巧克力薄片。若是在拉加代勒的農場，奶奶則會在「帕斯卡德」剛從鑄鐵鍋取出時，把奶皮淋在上頭，增加濕潤度。我和我弟超愛！

2　譯註：英國有個很有名的早餐叫 Eggs and Soldiers，即「麵包條蘸溏心蛋」，麵包條之所以稱為「士兵」，是因為戰士走路都是一排一排的，而麵包條也是一排一排地整齊排列。

3　譯註：阿韋龍省的傳統食物，類似厚燒可麗餅，中間可以裝餡料。

瑪莉亞外婆、一位鄰居、喬瑟夫外公、
賽巴提恩‧布拉斯和他的母親吉娜特（1974）

我們的客人如果晚點吃早餐，就有機會在大概 10 點時嚐到抹了奶皮的「帕斯卡德」，這是用高原乳牛的牛奶做出來的，是一道向農人致敬的料理。

當我還是年輕大廚時，奶皮給了我機會，讓我第一次能把自己做的菜：一片酸種麵包、奶皮和燉大黃（rhubarb，作法請參考第 87 頁）放進 Le Suquet 的菜單裡。這件事絕非偶然，我喜歡將來自我童年的食材，與蔬菜結合 —— 荷蘭豆或萵筍，也可搭配附近河流抓的魚，如鱒魚或北極鮭魚（Arctic char）。肉類是最不適合的，因為這兩種強烈的風味最後會互相抵觸。

要製作這項神奇食材，並在之後加進您的料理中並不難。只要將 1 公升的全脂牛奶倒進醬汁鍋中，加熱到開始冒小滾泡（要小心，絕不能煮沸）。冷藏 12 個小時後，表面就會結出一層漂亮厚實的奶皮。用淺漏勺（skimmer）撈起來，放在涼爽處最多可保存兩天。

奶皮形塑了我的味覺想像，而儲藏室裡的其他特產，如厚切培根，也對我起了相同的作用。外婆會把厚切培根切成小方塊，放在鍋裡煎到半軟半脆，這就是為什麼我喜歡用培根入菜的原因。我切的厚度是 2 ～ 3 公釐（約⅛吋），比她切的薄上許多，並會用兩支醬汁鍋煎，把油逼出來後，就會出現超脆的培根。壓碎後，甚至可以在我的一些菜餚中取代鹽巴的角色。

儲藏室裡還有「納爾達盧」（nardalou），這是一種用很大的豬腸衣製作、乾燥時間很長的香腸。我們以前常在午夜彌撒結束回家時吃這種香腸，真是好吃極了！在某些農場，會製作另一種名為「勇氣」（courade）的香腸來送給曾在「殺豬」（pèle-porc）時幫忙的親朋好友。這麼做的目的是為了讓人們相信香腸是用豬身上最好的肉做的，但其實裡頭只有內臟。可是，不管怎樣，在拉加代勒，我們絕不會用這種詭計招待別人。

我們最喜歡的醃肉是用剩料做的：胸骨和肋骨部位的極小骨頭和骨邊肉，用來做「砂鍋（馬鈴薯）燜肉」（hotpot）味道實在絕妙，做法簡單但需有耐心，得去鹹一整晚，然後細火慢燉兩個半小時。這種香腸名為「一袋骨頭」（sac d'os），或更常被稱為 pastre，名字來自古時候的牧民，他們會把一整「群」這種香腸掛在天花板保存，該年最後製作的，就是最後才能吃。一隻豬只能做出一隻 pastre 的量，可見其珍貴之處，真的要留到特殊的節慶才吃。

當我打開儲藏室的門時，未經巴氏殺菌的牛奶（即「生乳」），還有掛在木桿上的醃肉會傳來陣陣療癒的氣味，讓我們確定有東西可以吃，靠他們抵擋寒冬、雷雨和乾旱。這些嗆鼻氣味和油耗味，有一點像是壁爐裡的灰燼或剛燒完的木頭。其實我們研發過有腐味的油或鮮奶油，把鹽醃豬腳放在油中，以 16°C（61°F）浸泡 6 小時提煉味道。當我還小的時候，我夢到這種臭味的次數大概和夢到甜味的次數一樣多。任何一位曾在農場鄉間度過歡樂時光的人，就會懂我在說什麼。

牛奶多重奏：
濃縮、焦糖、慕斯和檸檬香
Variations on milk:
reduced, caramelized, mousse, lemon-scented

這道甜點是賽巴提恩的創作，是他對小時候擠完牛奶回家的回憶所做出的一首頌歌。裡頭出現各種型式的牛奶、獨特的鷹嘴豆慕斯以及一點點產自附近蜂窩的蜂蜜。

備料

牛奶 1.25 公升
／液態葡萄糖 310 克／鹽 3 克
／小蘇打粉 3 克
／細砂糖 280 克／奶油 50 克
／果膠 1.5 克

牛奶醬 在醬汁鍋中，把牛奶、葡萄糖、鹽、小蘇打粉和細砂糖煮滾。用折射度計（refractometer）測量，將甜度濃縮到 72° Bx。如果您沒有折射度計，請先測量醬汁鍋的淨重，依照食譜分量加入各種食材，最後再濃縮到食材總重的一半重量。

奶油和果膠用 36 克的水混合均勻後，加熱至 60° C（140° F）。將這個奶油果膠水和牛奶醬拌勻，再次加熱將甜度濃縮至 73° Bx。完成後倒入寬口罐中，置於一旁備用。

吉利丁片 4 克／牛奶醬 140 克
（作法請參考上方說明）
／淡鮮奶油 200 克

牛奶醬慕斯 吉利丁片置於水中泡軟。牛奶醬倒入醬汁鍋，以中火加熱，放入擠掉多餘水分的吉利丁片，攪拌至完全溶解。用電動打蛋器把鮮奶油打發，再慢慢與吉利丁牛奶醬拌和均勻。

未經巴氏殺菌的牛奶（生乳）
2 公升

奶皮 在醬汁鍋中，把生乳加熱到接近沸點：一定不能煮滾，這點很重要，否則脂肪分子會均值化。保持這樣的溫度煮 5 分鐘後，移鍋熄火，放到涼爽的地方 24 小時。便能在表面結出厚厚的奶皮。

隔天，用淺漏勺小心撈起奶皮，放到冰箱冷藏。剩下的牛奶留作他用。

檸檬皮屑 100 克／細砂糖 150 克

檸檬粉 將烤箱預熱至 85° C（185° F）。在大醬汁鍋裡裝滿水煮滾，放入檸檬皮屑汆燙 15 分鐘，然後瀝乾。取另一醬汁鍋，將細砂糖和 350 克的清水混合均勻，煮滾。放入檸檬皮屑，小火慢煮到濃糖漿的狀態。把糖漿裡的皮屑瀝出來，攤在鋪了防油紙（蠟紙）的烤盤上，放進烤箱烘乾 2 ～ 3 小時。取出放涼，皮屑現在應該是又細又脆的狀態。放入果汁機，打成顆粒相當粗的粉末。

牛奶 200 克／奶油 40 克
／細砂糖 100 克／麵粉 40 克
／異麥芽酮糖醇（isomalt）60 克
／蛋白 80 克

奶油薄餅 將烤箱預熱至 160° C（325° F）。把牛奶、奶油和細砂糖放入醬汁鍋中煮滾。倒入麵粉，用打蛋器攪拌均勻，等到再度滾起時，續煮幾秒鐘。邊攪拌邊加入異麥芽酮糖醇和蛋白，煮好後用細目網篩過濾掉所有結塊。把麵糊倒在烤盤上攤平，厚度為 1 公釐，放入烤箱烤 10 分鐘。將烤盤自烤箱取出，小心地將還溫熱的餅乾麵團弄皺，做出波浪和皺摺。放涼後，保存於乾燥處。

乾燥鷹嘴豆 20 克／淡鮮奶油 200 克／法式焦糖堅果（praline）50 克／細砂糖 20 克

鷹嘴豆慕斯 鷹嘴豆用冷水浸泡一晚。隔天，把豆子洗淨後，用 3 倍量的清水煮 1 小時 30 分左右。瀝出豆子，留下 200 克煮豆水備用。把豆子和煮豆水分別放涼。將鷹嘴豆和鮮奶油、法式焦糖堅果、細砂糖和預留的煮豆水一起用果汁機打勻。倒入虹吸氣壓瓶中，冷藏 2 小時。

煉乳 300 克／檸檬皮屑 4 克
／檸檬汁 35 克

煉乳慕斯 把桌上型攪拌機的攪拌盆和打蛋器配件放入冰箱冷藏 30 分鐘。將煉乳、檸檬皮屑和檸檬汁放入冰涼的攪拌盆中，攪打成柔滑的慕斯狀。冷藏 20 分鐘，直到要擺盤時再取出。

上桌前擺盤

鬱金香的葉子 4 片／天然蜂巢

薄餅用一點點鷹嘴豆慕斯和奶皮裝飾後，擺到盤子上。把牛奶醬慕斯整成漂亮的橢圓橄欖球狀，放到盤上。再添些煉乳慕斯，最後加上鬱金香葉和蜂巢切片，並撒一些檸檬粉。

NOTE —— 煮鷹嘴豆時，豆子會釋出蛋白質到水中。把煮豆水濃縮到原來的 ¼ 量，能得到更好的乳化效果。

Japan 日本

北海道的白色天堂，是聖鹿（sacred deer）之地，其水域產有許多令人嘆為觀止的螃蟹（藍蟹、鱈場蟹、毛蟹等）。2002年時，米修和賽巴提恩在這個日本列島最北端的島嶼，開了一間餐廳。當地海拔 1,100 公尺（2,310 英尺），再加上位於溫莎飯店的 11 樓，所以高度更高。餐廳陽台的門正對著洞爺湖和太平洋。「我們是晚上到的，路邊的雪已經堆到 2.5 公尺（8 英尺）高，」賽巴提恩回憶。「隔天，大霧退散，我們看到美得讓人屏息的景觀。周圍的自然景色是一片原始的白。北海道就是日本版的奧布拉克！我們發現自己像在家一樣，只是兩地相距了 10,000 公里（超過 6,000 英里）。」

賽巴提恩和米修正著手打造一間滑雪度假村裡的餐廳，度假村蓋在輕井澤的白色仙境，在淺間山（Mount Asama）的山坡上。淺間山有風化火山口，還有許多明顯的小木屋，以及山中未受污染的溪流水源、佛教廟宇，以及沒入水中形成溫泉的火山石。透過窗戶俯瞰著菜園，畫面就跟拉加代勒的一樣。「我們喜歡這個地方，從東京搭新幹線一個半小時就到了，到了之後就可以慢下來，好好休息、在山裡走走，」賽巴提恩解釋著。「建築師隈研吾（Kengo Kuma）設計了一間餐廳，把這種對平和、純淨的探尋，以及對當下的覺知，化為有形。」

要如何把布拉斯家族和 Le Suquet 的精神注入日本呢？「奧布拉克是不可能複製的，」賽巴提恩說，「但我們工作和看世界的方式是可以翻譯成其他語言的。特別是在日本，這裡十分重視『殷切款待』的感受、對當令季節的尊重、在姿態和味道上的簡樸與精準，且一絲不苟地注重小細節，以及掌握高度的工作品質。當然，在日本的餐廳我們也會呈上布拉斯的經典：『卡谷優』田園沙拉、地瓜鬆餅和許多種岩漿蛋糕（coulants）。為了配合日本人的口味，我們加到菜裡的鹽量，會比在法國的一般用量少。我們信賴的廚師團隊在 Le Suquet 受訓過，是抱持對兩國的尊敬工作著。」

在日本，「布拉斯料理」需要帶點混種，像是櫻桃樹上的接枝一樣：奧布拉克物種的日本株系，而發出新芽。於是，賽巴提恩開始研究「湯葉」（yuba），這是結在豆漿表層的薄豆皮，是豆腐的親戚。這個材料讓它發現了蔬食版的「奶皮」——一個對他的童年來說很重要的食材。湯葉嚐起來有神秘的鮮味，據說可以調和所有的風味，在味蕾上建立一種中性的感受，新鮮、深邃又樸實。「湯葉」是能夠幫日本與 Le Suquet 搭起魔法橋樑的物產。

賽巴提恩也從他一年兩次造訪日本列島的經驗中，帶回了一些有趣的發現。其中包括納豆，這是一種發酵、會牽絲的黃豆，是食物，也是對付菜園中黴菌的天然處方。賽巴提恩主要用它來對付威脅番茄、瓜類和馬鈴薯的黴菌；日本百合根（Yurine）可以像栗子一樣享用；而金時草（Kinjiso，即「紅鳳菜」）則長得像菠菜，有著綠色或紫色的葉子，可以將整株煮過就著蔬菜本身的汁水，或泡在醋裡頭吃；山椒粒的味道尾韻有點像檸檬，這種植物和其他柑橘類一樣，屬於芸香科（the Rutaceae family）。「我在築地漁市發現這種椒，在那裡山椒常用來增加味噌醬燒鰻魚片的風味。然後，我在築地漁市發現這種椒，是跟路邊一位老太太攤販買的，她把山椒放在小罐子裡，每次都會跟鰻魚一起賣。在日本，山椒常用來增加味噌醬燒鰻魚片的風味。」賽巴提恩想盡辦法，終於成功在拉加代勒的園圃中種出山椒，其所產的山椒粒和葉子，現在可以用來增加 Le Suquet 肉類與魚類料理的辛香。

「我認為一開始我並不懂日本料理！」賽巴提恩坦白說，「我第一次去日本是在 1995 年，當時是陪著我父親到東京的一間大飯店，創作一系列的晚餐。當時我吃不出個所以然，我的味蕾感到很困惑，它需要時間去適應這些味道和質地都比我們平時習慣清淡許多的料理。起初我並不喜歡，後來變得能夠容忍，最後我就懂得欣賞了——現在是超愛！」

賽巴提恩的「米旺」（Miwam，作法請參考第 98 頁）取材自日本一種名為「鯛魚燒」的傳統糕點。味噌是由黃豆和發酵穀物製成的醬，味道絕倫且對身體很好，現在已被他改編為奧布拉克版的味噌。原料不用黃豆，而是使用生長在拉奇歐樂附近，聖弗盧爾普拉尼耶（Planèze de Saint-Flour）的亞麻色扁豆（blonde lentil），然後用傳統的發酵介質「麴」（kōji）來發酵。做好的味噌會當成醬汁調味蔬菜、和香料混合在一起，或用來燒牛肉片，讓表層像上釉一樣亮亮的。「我們經過了許多次的測試，才找到味噌的正確配方，」賽巴提恩說。「寬口罐開始愈堆愈高，裡頭的泡沫有溢出來的危險。薇若妮卡好想擺脫這些瓶瓶罐罐！經過了 18 個月，我們硬著頭皮開蓋試吃。最後，這個日本食材終於和我們奧布拉克的料理同波段了。」

湯葉、日本百合根、茗荷，與發酵蘿蔔

Yuba, yurine and myoga, fermented local lentils
and lacto-fermented radishes

2006 年時，賽巴提恩受到「京都料理學院」（Kyoto Culinary Academy）的邀請，到那裡去認識各種地區性特產。賽巴提恩就是在拜訪遵循古法的生產者時，發現了湯葉（凝結在豆漿表面的薄皮）的作法。那讓他想起和奶奶一起去「揚山起司合作社」（Jeune Montagne cheese cooperative）的時光，兩地的氛圍、熱度、乳白色的蒸氣和氣味完全一模一樣。

備料

普拉尼耶扁豆
（亞麻色扁豆）2 公斤
／香草和香料
（月桂葉、丁香〔cloves〕、
八角等）適量
／米麴（日本發酵物）2 公斤
／未精製粗鹽 700 克，
預留一些分量外的封瓶時使用

扁豆味噌 扁豆泡在冷水裡 3 小時後取出瀝乾。

把一醬汁鍋的水燒滾後，放入扁豆、香草和香料（不要放任何鹽），烹煮 25 分鐘，到豆子變軟。瀝出扁豆，拿掉香草和香料，接著用叉子粗略壓一下豆子。

取一大碗，混合麴和鹽巴，再放入扁豆攪拌均勻。將混合物放入已消毒過的螺旋蓋罐，仔細移除任何氣泡。在表面撒上粗鹽。在一個小布袋裡裝更多鹽，置於豆泥頂端，把扁豆往下壓。

將蓋子旋緊，並把罐子置於陰涼處，至少發酵 8 個月後再開蓋使用。

紫蘿蔔 100 克／泉水
／未精製鹽

乳酸發酵蘿蔔 把蘿蔔洗乾淨、修掉不好的部分後，切成兩半。放入已消毒過的螺旋蓋罐中，盡量壓緊，以免之後浮到表面。往罐子裡倒泉水，直到完全沒過蘿蔔。接著把罐子裡的水倒出來秤重。添加水重量 2.5% 的鹽到水中，等鹽完全溶解後，再將鹽水倒回裝有蘿蔔的罐子裡。關上蓋子，但不要旋太緊：需要讓發酵產生的氣體能夠釋放。把罐子放在 15°C（59°F）的地方至少一週。

豆漿 3 公升

湯葉 在醬汁鍋裡，用小火加熱豆漿到快速冒小滾泡（逼近沸點）。幾分鐘後，豆漿表面就會開始結出一層薄豆皮，再等幾分鐘讓豆皮變厚。把這層薄豆皮移到鍋子邊緣，小心用淺漏勺取出，這就是「湯葉」。重複同樣的程序，直到豆漿用完。把湯葉放在碗裡，上面要牢牢用保鮮膜覆蓋，這樣才不會乾掉。置於陰涼處備用。

奶油 15 克／洋蔥 1 顆，切薄片
／大蒜 1 瓣／鋪地百里香（Wild thyme）適量／月桂葉 1 片
／蔬菜高湯 1 公升／花椒粒 6 顆
／茗荷（日本薑）4 個

烹煮用高湯 奶油放入大醬汁鍋中加熱到融化，放入洋蔥、蒜瓣、百里香和月桂葉炒上色。倒入蔬菜高湯和花椒粒，用中火煮 30 分鐘。茗荷剝去外層後，放入高湯中用小火泡煮 20 分鐘。將茗荷和高湯留著備用。

日本百合根 1 個
／蔬菜高湯（可省略）

日本百合根 小心剝下百合瓣，接著用乾淨的水沖洗。在大醬汁鍋裡裝淡鹽水或蔬菜高湯煮滾，放入百合瓣煮 3 ～ 5 分鐘。瀝掉水分，再用冷水沖涼。

上桌前擺盤

綠色和古銅色的甜茴香葉
（Bronze fennel），裝飾用
／高麗菜花，裝飾用
／蘿蔔葉，裝飾用

用隔水加熱的方法，讓湯葉慢慢回溫，要小心不要弄破，接著把幾片鋪在盤上。日本百合根放到醬汁鍋裡慢慢溫熱。把一小橢圓橄欖球狀的扁豆味噌放到盤上，用乳酸發酵蘿蔔和溫百合瓣裝飾。旁邊附上預留的高湯。最後以綠色和古銅色甜茴香葉、高麗菜花、蘿蔔葉和一顆茗荷點綴。

NOTE —— 乳酸發酵法的歷史已經有好幾千年，大部分的蔬菜都適合用乳酸發酵。這個保存食物的方法不需要火（高溫），也不需要冰（低溫），只用鹽巴就能保存蔬菜。如果您選的是小型蔬菜，請在罐子裡放一個玻璃或陶瓷的重石，讓蔬菜不要浮起來。乳酸發酵蔬菜的保存期最多可達一年。日本百合根是日本種百合的球根，其他品種的百合球根非常苦，不適合用於這個食譜。

Chicory roots 菊苣根

當賽巴提恩剛開始在埃屈利（Écully）的餐旅管理學院（École des arts culinaires et de l'hôtellerie；現名為「保羅博古斯餐飲暨飯店管理學院」[Paul Bocuse Institute]）就讀時，他必須在所有同學面前做一項運動：舉起一塊鮭魚菲力（fillet），接著根據人稱「料理之王」奧古斯都・埃斯克菲爾（Auguste Escoffier，1846–1935）的行為準則（到了 1990 年都還是標準規範），進行醬汁的實作課程——要做出十幾種型態：濃郁的、包含奶油的、極度濃縮的等等。身為一位認真的學生，賽巴提恩照著老師教的操作，但其實心裡並不服氣：「里昂的『布爾喬亞料理』（bourgeois cuisine）和我父親做的菜，差了十萬八千里。這些食譜永遠只會用相同的切碎香草——香葉芹（chervil）——但我們在拉奇歐樂用的卻是十幾種不同的香草。」

30 年前，米修心中同樣感到困惑。當時他認識了「高級法式料理」（haute cuisine）並參加一場法國最佳學徒競賽，與會的對手全是在名廚底下工作的能手。「我讀了那些料理經典，」米修解釋，「但因為我是馬蹄鐵匠（而不是大廚）的兒子，所以我不可能在任何當時赫赫有名的大師底下當學徒。那個時候，我的心情有點複雜，你甚至可以說我的心靈受創了。所以，我閱讀埃斯克菲爾，以及他的門生格蘭瓜爾（Gringoire）和索尼耶（Saulnier）的文章。」為了搭配兔肉，埃斯克菲爾大師建議用基礎褐醬（espagnole sauce）：原料為麵粉、奶油、白酒、小牛和牛肉汁、火腿、蕈菇、胡蘿蔔、洋蔥和法式混合香料（fines herbes），需歷時 3 天才能完成。年輕的米修看完後，大吃一驚：「居然是獵人避之唯恐不及的獵兔，吃起來幾乎沒有味道與特色。我比較熟悉的是母親常用烤箱烤給我們吃肉，她會把大蒜鑲在肉中，上頭再加碎番茄。」事實上，米修向安琪兒學習，而賽巴提恩又從父親的知識中得益，獲得的啟發比學校、書上還多。

布拉斯家族的料理與烹飪方式違背偉大法國美食學規定的準則。類似 1970 年代的「新式烹調」（nouvelle cuisine）[4] 革命，但又有自己的學問。對於布拉斯而言，蔬菜是主角；用來彰顯肉類料理的濃味醬汁或肉汁，被濃縮液和乳醬取代；他們的擺盤走的是英式庭園風，而非精準勾畫的法式藝術。他們拒絕平面呆板、死氣沉沉的呈現，而是以圓形（立體）的方式表現；他們的盤中內容通常是像下雨或野生灌木。陶瓷的白應該要顯著突出，就像覆蓋在珍珠光澤白雪底下的奧布拉克一樣。

布拉斯家族的每道料理都至少會有一樣「調味品」（niac）。廣義來說是一整組調味料——「像是火上鍋（pot-au-feu）裡的芥末。」賽巴提恩解釋；米修說這些是「風味之珠」（pearls of flavours），他借用英式橄欖球的術語：「一個有勇氣與競爭力（niaque）的選手，是充滿熱情和動力的。」「調味品」不只是在做菜過程中出現，也有可能比料理先產生。這些能提振料理的「補藥」可能是泡了野生香草（蓬子菜、鋪地茴香）的風味油、自己釀的醋（榲桲 [quince]、柑橘類水果）、抹醬（發芽扁豆、洋茴香 [aniseed]、孜然、艾斯佩雷辣椒 [Espelette pepper] 和鹽）和粉末（黑橄欖、馬斯科瓦多黑糖和辣椒）等。

「我們常保好奇心，繼續閱讀，也不斷嘗試與試吃，」賽巴提恩說。「但我從不會告訴自己，要做出『……風格』的料理，因為我們的料理本身就已經帶有很強的獨特性。我們主要還是鎖定自然萬物和奧布拉克，以及從我們到其他大洲的旅行中找靈感。」

賽巴提恩心甘情願地在埃屈利研讀飯店管理、在皮耶·加尼葉和米修·蓋哈（Michel Guérard）等大廚麾下當實習生、向里昂的巧克力大師貝納頌（Bernachon）學習，以及拜訪亞伯特·阿德里亞，並與其對談請益——每次都是帶著由衷的喜悅去做——但他還是會回歸到父親和奶奶對他的啟發：鄉村料理。「我們不會強迫自己去遵守規範或跟上最新的潮流，」賽巴提恩繼續說。他引用作家吉恩·圭頓（Jean Guitton）的話：「跟著流行走，法文用字是『在風中』，是跟著落葉的命運。」（Être dans le vent, c'est avoir le destin des feuilles mortes）他想起能引發他創作的事物：「食物不分貴賤，只有你喜歡的味道，而那和一個人的成長歷程有關。」這就是為什麼賽巴提恩熱愛「菊苣」（chicory，也稱為「比利時苦苣」[Belgian endive]）——從葉子到根部一整株，做成鹹甜料理他都愛。

這種突然轉變成一種外來果實的田野蔬菜，很明顯是「他的菜」，因為他的遠房表親以前曾在距離 Le Suquet 只有 15 公里（9 英里的）的農田，種植各個種類的菊苣。以前人們會用泥土、稻草墊或甚至是地下加熱系統（讓溫度連續 18 天保持在 17°C [63°F]），保護根莖（rhizome）免於寒害。農夫埃米爾·韋爾（Émile Veyre，又名「米盧」[Milou]）費盡一番心思，終於成功在天然開放（無保護層）的地面上種出「拉奇歐樂的菊苣」，這被譽為從法國北部到比利時最棒的農作物，但新冠肺炎大流行所帶來的經濟和健康危機，讓他的成就劃下句點。

賽巴提恩處理菊苣的方式是放在高湯裡低溫泡煮，這個高湯包含香味蔬菜（aromatics）以及產自當地的番紅花，煮好後再用酸模葉或芝麻葉及發酵墨西哥檸檬醬（fermented Mexican lemon cream）提點出微微的酸度。他有時也會用麵包、雞蛋和香草做成內餡，填入菊苣裡，再用鴨油煎。甚至還會把菊苣葉做成甜點，用香草味的黑糖水低溫泡煮；或放在醬汁鍋，用蜂蜜水煨煮，然後搭配一層薄薄的奶皮，以及幾滴清爽的葡萄柚汁。

Le Suquet 的客人還能嚐到菊苣被遺忘的部分——根部——通常會跟葉子一樣大。賽巴提恩把菊苣根切成絲後，用水、糖、奶油、月桂葉和百里香混合的湯水煮。這些細絲會變成透明，匯集了菊苣濃郁的味道，以及保護植物免於光害的良好土壤的風味。菊苣根絲的口感硬實且脆，很像胡蘿蔔。

「菊苣根算是一種可以用極少量部位或邊角料烹飪的食材，」賽巴提恩說明。「我們無法理解為什麼有的東西會被浪費掉。我從我的祖父母那學到不浪費，他們曾經歷過戰爭，知道大地的資源並不是無限的。」同樣的道理也可套用在乾掉的酸種麵包上，賽巴提恩會把它變成調味料或醬汁。把麵包體用篩子壓碎，再用焦化奶油（beurre noisette）炸，就能得到美味香酥的麵包粉，接著他再將麵包粉與鹽、胡椒和小荳蔻混合，就成了可以增添菜餚滋味的調味料。剩下的當地麵包（tourtes）也會變成焦麵包醬汁。「這個醬汁在菜餚中能有效地整合各種風味，」賽巴提恩堅持道。「但它很難做得好，因為需要讓麵包焦糖化，但卻不能有焦痕。就像菊苣一樣，這個醬汁做出來不能太苦。」

---

4 譯註：不同於過去繁複的料理方式，強調的是以簡單料理，能吃到食物原味。

白／食材／菊苣根

菊苣根
佐塊根芹菜「葉」

Bitter chicory roots sweetened with orange,
with spiced celeriac 'leaves'

處理菊苣根對賽巴提恩來說是項挑戰，讓他把研究的成果與創意發揮到極致。菊苣根的質地很有趣，和葉子形成互補，通常是拿來餵動物，很少人會吃它，更別說是煮過的。這裡會用清淡的高湯低溫泡煮，以減少苦味。

備料

糖薑（crystallized ginger）25 克／蝦夷蔥（Chives）5 克，切末／小型紅蔥 1 顆，切末／柳橙 1 顆／橄欖油 100 克／萬壽菊油（marigold oil）100 克／紅酒醋 60 克／檸檬汁 40 克／鹽和現磨黑胡椒

柑橘油醋醬 把糖薑切成細丁（fine brunoise）[5]。取下柳橙皮小心不要帶太多白髓，然後切成細絲。在大醬汁鍋中裝水煮沸，放入柳橙皮絲汆燙 2 分鐘。留 4 克備用。

取下柑橘瓣切成小塊。留 20 克備用。在碗中，將所有食材拌勻，最後加入適量鹽和黑胡椒調味。

小型葡萄柚 1 顆／細砂糖 50 克

葡萄柚皮 取下葡萄柚皮，要小心不要帶太多白髓，因為葡萄柚的白髓特別苦。在大醬汁鍋中裝水煮沸，放入葡萄柚皮汆燙 5 分鐘。

將烤箱預熱至 80°C（175°F）。在醬汁鍋中，將 50 克的水和糖一起煮滾，接著放入汆燙過的果皮。把火調小，慢煮 30 分鐘，直到果皮變透明。瀝出果皮，抹掉多餘的糖漿。將糖漬果皮放在兩張防油紙（或不沾烘焙紙）之間，放入烤箱烘乾一整晚。為了保留風味，要注意不要讓果皮變焦黃。將果皮自烤箱取出，攤平放涼，然後置於乾燥處備用。

紅酒醋 400 克／馬斯科瓦多黑糖 200 克／香料：洋茴香、芫荽籽、肉豆蔻（nutmeg）、月桂葉、丁香適量／塊根芹菜 1 個

塊根芹菜「葉」 在醬汁鍋中，把醋、500 克水、馬斯科瓦多黑糖和香料煮滾。

塊根芹菜洗乾淨後去皮。用蔬菜切片器（mandoline）切成寬度 8 公分（3 吋），厚度一致的長片狀。用香料醋水煮軟，烹煮時間很短，但還是要視塊根芹菜的厚度和成熟度而定。取出塊根芹菜片，置於一旁備用。接著將煮過的汁水濃縮到糖漿狀態，同樣置於一旁備用。

胡蘿蔔 50 克，切片／洋蔥 25 克，切碎／塊根芹菜 50 克，切丁／柳橙汁 50 克／白酒 100 克／酸柑（calamansi，又稱「菲律賓青檸」）醋 50 克／香味蔬菜適量／圓柱形的菊苣根 2 根

菊苣根絲 在醬汁鍋中，把除了菊苣根以外的蔬菜，加 1 公升水煨煮 20 分鐘。菊苣根徹底洗淨後，切成絲狀，愈長愈好。

把菊苣根絲泡進上個步驟煨煮好的湯水裡，接著關火，放至涼透。如果菊苣根絲還不夠軟，請將整鍋放回爐上，煮到冒小滾泡，再熄火放涼。從鍋中撈出 200 克煮蔬菜的水備用。

預留的煮蔬菜水 200 克／淡鮮奶油 200 克／葡萄籽油 100 克／寒天 2 克／鹽適量

泡沫乳醬 將所有材料放入新的醬汁鍋中煮沸。倒入虹吸氣壓瓶，冷藏備用。

上桌前擺盤

菊苣 1 顆／日本柚子（yuzu）1 顆，把皮刨成細條／紫花南芥（Dame's violet）和琉璃草（navelwort，一種可食用的多肉植物）的葉子，裝飾用

擠一點泡沫乳醬在盤中，上頭堆疊塊根芹菜與調味過的菊苣根絲。用蔬菜切片器把菊苣刨成薄片，再和葡萄柚皮一起放到盤中。以煮過塊根芹菜的濃縮汁水調味。最後加一些柑橘油醋醬、一條柚子皮，以及一些紫花南芥和琉璃草的葉子。

5　譯註：法式切法，約為 1.5 公釐見方。

Jeune Montagne 揚山

在印度的時候，賽巴提恩愛上「拉西」（lassi），這是一種可鹹可甜的乳飲，且根據傳統醫學，「拉西之於凡間，就像瓊漿玉液之於天堂一樣」。這種古老的優酪乳能夠提神、解渴，而且會使心情愉悅，可以加水果、孜然或小荳蔻，也可以單喝，品嚐它淡淡的酸味。在現代食譜中，生乳需要用發酵介質餵養，放在火爐邊緣讓溫度升高到 30 ～ 40°C（86 ～ 104°F），然後再放涼。在賽巴提恩的菜單中，也能找到拉西的蹤跡：「因為它讓牛奶多了一點生命力。」賽巴提恩讓拉西和蔬菜、魚或甜點走在同一條路上。雖然程序是依照印度的作法，但只要提到奶類，賽巴提恩就會去找他的供應商——位於拉奇歐樂的「揚山起司合作社」。他們裝牛奶使用的金屬提桶就像賽巴提恩童年常常雙手提的一樣，都有著無法仿效、來自奧布拉克牧野肥沃、新鮮又有益健康的味道。

揚山合作社是個模範機構，最了不起的地方是對農業品質採取嚴格的標準，以及給予乳品生產者更公平的報酬（他們比諾曼第或布列塔尼地區的同業大方）。這樣的工作環境足以解釋為什麼供應康塔爾起司（cantal）或洛克福藍紋起司（Roquefort）的農家，都願意加入揚山。

在 20 世紀初，牧民的數目曾經來到 1,100 位，但逐漸地因農村人口外流，造成奧布拉克的牧民數目減少，到了戰後時代，數目甚至降到 160 位，不過在 1960 年時，有大約 50 位的動物飼養者成立了一個「聯合且有利潤的勞動工具」（a united and economic working tool）。剛開始，為了讓大家知道他們，會員們會舉辦免費的宴席，展示他們最棒的產品——拉奇歐樂（高圓筒）起司（the fourme de Laguiole，已取得「原產地命名控制」[appellation d'origine protégée et contrôlée，或簡稱 AOC]）[6] 和未經巴氏殺菌的「多莫起司」——讓他們能做出巨大分量的「亞里戈」，贏得如雷般的掌聲。

20 年後，米修·布拉斯靠著自己研發的高品質冷凍「亞里戈」，加入合作社的運作。他的食譜讓製作這道經典奧布拉克料理變得更容易，也有助於推廣。之後，換成賽巴提恩幫忙想點子和試驗配方，例如他的「聖誕節特製產品」——拉奇歐樂起司加上黑松露薄片，風味有力又濃烈。

從一開始，揚山本身就樹立了很嚴格的原則。在集約農業（intensive agriculture）進程和商業活動大大讚許化學食物的奇蹟之際，揚山的創辦者反而選擇從事小規模生產，並帶入獨立的道德觀，把重點放在當地物產的收益上：像是不使用玉米（可能需要進口）、不使用青貯飼料（silage，發酵乾草），也不使用豆粕（soy bean meal）當飼料，牛隻的食物來自於高原上綽綽有餘的花朵和草本植物。面對動物時，他們認為品質比只重視收成率的方法更重要，因此奧布拉克牛和瑞士的西門塔爾（Simmentals）牛每年的牛奶產量都不超過 6,000 公升（1,320 加侖）。

揚山正在復興與保護拉奇歐樂起司的生產，這種起司幾百年以來，是高原上主要的資源。它能保存一年半之久，而一碗新鮮牛乳卻幾乎不到一天半就變質了。在過去，一輪輪的起司（每個重達30～40公斤[66～88磅]）是牧民在山間的「布隆」裡製作的。這些人對保存的技巧相當嫻熟，知道許多「眉角」。如果「多莫起司」沒瀝乾或放太久，或地窖太冷，他們就會增加鹽的用量。至於要用多少凝乳酶（rennet）來讓牛奶凝固，則要視牛吃的草本植物種類、氣溫以及風向而定。吹南風時，牧民會用多條布巾把高圓筒起司包住。

現在的做法是，牛奶先冷藏一晚，取出後加熱到33～34°C（91～93°F）。接著是和有助於保存的乳酸發酵物，以及凝乳酶混合。將一塊塊和乳清分離的凝乳切成小塊，過程中翻動6～8次後，再次用亞麻布瀝出剩下的乳清，最後熟成20小時。這樣出來的結果就是新鮮的「多莫起司」，是用來製作「亞里戈」的原料。如果要做出高圓筒狀的起司（fourme），則需要再多兩個步驟。凝乳塊會被壓碎、加鹽，放到圓柱體桶子裡成型。熟成時間需要4～24個月，並在多個不同的地窖中進行。每個做好的（高圓筒）起司會蓋上合作社的標誌——一隻公牛。年輕的拉奇歐樂起司帶有奶味，甜鹹並具；而熟成的拉奇歐樂起司則有著香料與乾果的調性，有點類似帕瑪森起司。起司愛好者有時會把拉奇歐樂和它的鄰居「康塔爾」相比，因為這兩種產地起司的味道、質地和風味確實很類似。不過，由於取得「原產地命名控制」的允許，能使用經巴氏殺菌的牛奶（加熱到72°C[162°F]20秒，以消除好菌或壞菌），還有脫脂牛奶來製作康塔爾；而拉奇歐樂只能用未經巴氏殺菌的全脂牛奶，也就是賽巴提恩從小開心喝到大的生乳。

「我父親和我一直都很敬佩揚山合作社的工作，」賽巴提恩解釋。「不只是因為它的產品高品質且真實可靠，也因為它所扮演的經濟角色，是把我們團結在一起的關鍵；能與90位生產者合作，旗下有140位員工，是成功的典範。」

Le Suquet的料理非常重視乳製品。從每週訂的幾大桶牛奶中，賽巴提恩就能發想出好幾道食譜：拉西、冰淇淋、牛奶醬（作法請參考第238頁）、牛奶高湯（用來低溫泡煮細嫩的魚類）、加了野生植物浸泡添味的凝乳或乳泡，以及當成開胃菜或餐後小點（petit-fours；布拉斯家族稱之為 canailleries）的各式美味小點心。賽巴提恩最喜歡的食材「奶皮」，當然是用購自合作社的原料製作的。但他也會使用在起司製作過程中留下來，通常被農人拿去餵豬的廢料，例如用乳清來自製奶油，再加上高山茴香這種畜群最愛的植物之一，來增添風味。

---

6 譯註：法國的一個產品地理標誌，用於標明生產、加工在同一地理區域、使用受認可技術進行的產品。

梭鱸魚排、松露脆片，
佐乳清醬汁

Steamed pikeperch fillet with Comprégnac truffle crust,
whey sauce and beans

奧布拉克高原是塊農地，上頭飼養著乳牛和肉牛。和許多農業社區一樣，這裡的料理都是用最不起眼的食材做的，就像這道用乳清做的菜（「乳清」是在起司製作過程中，牛奶凝固結塊後所留下的液體）。

備料

梭鱸魚 1.5 公斤／鹽少許

梭鱸（白梭吻鱸）魚排 處理魚：仔細去除魚鱗後，從肚子剖開，取出所有內臟，要注意不要刺穿魚肉。用魚刀（filleting knife）沿著背骨下刀取下魚排。用鑷子夾除任何魚骨細刺。將魚排切成每份大約 90 克的小塊，撒上少許鹽後，放入冰箱冷藏。

乳清 500 克／榛果油 30 克
／乾燥酸種麵包粉 5 克
／淡鮮奶油 10 克／鹽

乳清醬汁 把乳清倒入醬汁鍋中，開中火煮到剩下一半的量，中途偶爾攪拌一下。將濃縮過的乳清與榛果油、麵包粉和鮮奶油攪拌均勻，最後加鹽調味。

奶油 100 克
／乾硬麵包體 100 克
／澄清奶油
（作法請參考第 80 頁）100 克
／康普雷格納克松露 100 克
／鹽 1 克
／鹽之花（fleur de sel）1 克
／壓碎的榛果 40 克
／榛果粉 20 克

松露片 先製作膏狀奶油（beurre pommade）：把奶油放入小醬汁鍋中，以小火加熱到 150°C（300°F），接著把鍋子離火，立刻將鍋底泡進溫度非常低的水裡，讓奶油凝固到「膏狀奶油」（beurre pommade）的狀態。

把乾硬的麵包體放在粗目網篩上壓成粉末。用醬汁鍋把澄清奶油加熱到 150°C（300°F），接著放入麵包粉，炸至漂亮的金黃色。瀝油後，用廚房紙巾拍乾，放涼備用。

將松露刨碎後，與鹽、鹽之花、炸麵包粉、壓碎的榛果和榛果粉混合均勻，倒入裝有膏狀奶油的鍋裡，攪拌至滑順。之後將松露堅果奶油鋪在兩層防油紙（蠟紙）之間，厚度為 5 公釐（¼ 吋）。冷藏備用。

爬藤扁豆（Helda beans）300 克，
去除硬梗粗絲後，縱切成薄片。

扁豆 把一大醬汁鍋的鹽水燒滾，放入扁豆煮 4 分鐘，需保留一點硬度。煮完的扁豆泡冰水後瀝乾，置於一旁備用。

上桌前擺盤

奶油 100 克／乳化奶油（beurre
monté，作法請參考備註）50 克
／紅蔥 ½ 顆，切末（可省略），
另外預留一些分量外的紅蔥片擺
盤用／大蒜 1 瓣，切末（可省略）
／藿香屬植物（giant hyssop）
葉子 20 片
／鹽和墨西哥香草
（hoja santa）適量

把松露皮切成和梭鱸魚塊一樣的大小。在炒鍋中，將魚塊放入起泡的奶油（foaming butter）中煮，魚皮面先向下，每隔一段時間，就舀起奶油，淋到魚肉上。要慢慢加熱，才不會讓奶油燒焦。3 分鐘後，當梭鱸魚塊幾乎全熟時，蓋上松露皮，放入明火烤箱（salamander grill，炙爐 [broiler]）幾分鐘，讓松露皮變脆。最後用適量的鹽和墨西哥香草調味。

將扁豆放入炒鍋中，加一點乳化奶油一起加熱，接著倒入紅蔥和大蒜（若有使用）。

將梭鱸魚塊和扁豆擺到盤上。最後加上乳清醬汁，並以藿香屬植物的葉子，以及幾片紅蔥薄片點綴。

NOTE ——乳清很難在一般店面買到，但您或許可以在喜歡的農場起司店家那裡找到。

若要製作「乳化奶油」，請先將 250 克的水和 100 克的奶油（放入水中的奶油，為其總重的 10%）煮沸。接著放入其他切成小丁的奶油，邊放邊快速攪拌。

Régis, eternal right-hand man
瑞吉斯——永遠的得力助手

早上，瑞吉斯（Régis）有特別的事要宣布：「今天有需要額外注意的船運會送到。」放在食材儲藏室門口的箱子，被小心翼翼地搬著，就像在搬北極紅鮭魚和嬌嫩的山間香草一樣。那是一些貨品：衣服、T恤、運動服和棒球帽。凝聚所有員工的布拉斯 KC 協會（Bras KC association），終於收到新一季的包裹，可以開始分發了。「這布料很耐用，」他邊用大拇指摸邊說，「我們可以來辦員工旅遊和烤肉！」

瑞吉斯・聖熱涅自從 Bras KC 這個聯合組織在 1993 年創立以來，就一直是主席（每年都再度當選連任），「那是終身職。」他的年輕同事說。其他時候他是主廚（head chef），以及米修和後來的賽巴提恩在餐廳忙到快翻掉「子彈連發」（coup de feu，指餐廳最忙碌，人潮湧現的時刻）時，最信賴的夥伴。他也是黎明時菜市場的常客，他認識那裡的每個人，同時照看著「布拉斯之家」的利益。「瑞吉斯是這棟大宅院的一根梁柱，是歷史的一部分。」賽巴提恩清楚謹慎地說明。「他在 Le Suquet 初建造時期，就幫我們搬石頭和燒荊棘。他見證了巧克力岩漿蛋糕的誕生，甚至參與過早期的試吃。」

瑞吉斯在 1966 年，生於拉塞爾夫（La Selve）的村莊，那裡距離拉奇歐樂車程一個半小時。他的父母親在家鄉是養綿羊的農民，其所產的羊奶過去被用來製作洛克福藍紋起司。他先是在當地知名餐廳 Le Bowling du Rouergue 當學徒，然後才申請到 Lou Mazuc 工作，遇見當時已是人人讚譽有加的米修・布拉斯。那個時候廚房裡有 3 名員工，其中一位還充當餐廳服務生，而另一位則要負責旅館的住宿。「我真的有點嚇到，」瑞吉斯回憶。當時他 18 歲。「我們要處理我從來沒學過怎麼煮的食材，」他補充。「誰知道『兔雜』（béatilles de lapin）是什麼——兔頰、兔舌、兔腦等？」他驚嘆地看著這返璞歸真但又超凡脫俗的料理，對於每一個細節中的創意，與鄉村質樸的謙遜也讚嘆不已。但餐廳的習慣、步調和精神都讓他覺得無法駕馭。連續 3 個晚上，他既興奮又焦慮，幾乎完全沒睡，整個人處於瓦解邊緣。他把心事說給父母聽：「我覺得我還太年輕。」

「我不指望米修會讓我留下來，」瑞吉斯回憶。不過，他當甜點師的合約連續 3 年的每一季都獲得續約，即使是他服完兵役回來也一樣。他的忠心以及認真工作的態度，讓他得以在 1989 年時轉到熱食部，開始處理肉類和魚類。4 年之後，在 Le Suquet 開幕沒多久，他就被升為副廚。

通常他會用「您」等敬語尊稱米修，而和賽巴提恩說話時，則用「你」等平輩用語，那是「大師」與「小他五歲的弟弟」的區別。瑞吉斯思忖著他所認識的布拉斯三代大廚，「布拉斯奶奶教我人生之事，米修教會我看美食學裡的美與好，就像我們在博物館裡做的事一樣。賽巴提恩讓我知道友誼。吉娜特和薇若（妮卡）則教會我用能產生共鳴的語言和人交談。」雖然他和這個家庭的淵源很深，但他並不會一起坐在廚房中間的花崗岩桌吃飯，而是和餐廳員工一起用餐。這是他覺得他應該在的「地方」，這樣他可以好好傳達他所看到的、嚐過的或經歷過的給員工。在職員委員會裡，他有時會用格言總結他的想法。例如：「做你所愛是自由，愛你所做是幸福。」（'Doing what you love is freedom. Loving what you do is happiness.'）

「我一點一滴地把布拉斯精神慢慢帶進廚房。」他說。瑞吉斯說的同時包含食譜和組織分工。他安慰一名很擔心自己工作沒有做好的廚師：「明天不要早上 7 點就來上班。早上 8 點半以前到，或待到晚上 10 點半以後，一點意義都沒有。去休息一下。我知道你可以在工作時間內準備好你負責的餐點。」瑞吉斯負責早上 10 點的工作簡報，他開門見山，直接講重點。有天早上，他發現年輕同事們「看起來很委靡」。「在拉奇歐樂這樣的小村子裡，很快就能知道誰開趴去了。」他說。「如果是在休假日的前一晚，我不會說什麼，但在上班日的前一晚，是絕對不能去的。」瑞吉斯好好地訓斥了他們一頓，對方也聽進去了。他堅持：「我還是不喜歡人家老是說現在的年輕人沒有以前那麼值得幫助。我覺得他們願意離鄉背井來到這片『荒漠』，都是非常勇敢的，這裡是他們將有所成長的地方！」

他不可或缺又讓人安心的存在，就像每年領著畜群從山谷底端來到高原上的牧民一樣。瑞吉斯無法想像他在其他地方當頭，他從來沒自己找過，也從未被挖角過，所以他完完全全和布拉斯的世界劃上等號。「我對他們很忠心，因為我非常贊同他們的料理、他們質樸的草根性，以及他們對待別人的方式。我無法想像世界上還有其他地方會存在一場歷程，是像我和布拉斯家族一起經歷過的一切，您能嗎？」

帕斯卡德麵糊、烤羊肉，
佐藍紋起司千層酥

Roasted saddle of mutton, Roquefort millefeuille,
lettuce stuffed with pascade paste

Le Suquet 忠心的主廚——瑞吉斯來自阿韋龍省南部，是洛克福藍紋乳酪原料——綿羊奶的產地重鎮。他和賽巴提恩常常激烈討論著誰的故鄉產最好的起司！

備料

麵粉 220 克／鹽 7 克／牛奶 300 克／蛋 3 顆／香草（西芹、巴西利〔Parsley〕、牛皮菜嫩葉、圓葉當歸 [lovage] 等）75 克，切末

帕斯卡德麵糊　前一晚先準備帕斯卡德麵糊。和製作鬆餅糊一樣：把麵粉和鹽放到碗裡，慢慢倒入牛奶，一邊攪拌，一邊把蛋倒進來，最後加香草末，整體拌勻。放冰箱冷藏一晚。

麵粉 300 克
／奶油 125 克，室溫放軟
／洛克福藍紋起司 100 克，
室溫放軟

洛克福藍紋起司千層酥　在桌上型攪拌機裝上麵團勾配件，將麵粉和 150 克清水倒入攪拌盆中，攪拌成團後，再繼續攪打 5 ～ 10 分鐘。這樣做好的麵團稱為「水麵團」（détrempe）。放入冰箱冷藏 1 小時。將奶油和洛克福藍紋起司放入碗中，打發至呈「軟膏狀」（pommade）。保留水麵團中間厚度，四周往外擀成十字型。將奶油起司膏放在中央，再拿起四邊麵團蓋住。總共做 3 次「四摺法」（double turns；請參考第 271 頁食譜筆記），每次擀開折疊之間，需讓麵團冷藏休息至少 20 分鐘。最後把麵團擀成 5 公釐（¼ 吋）厚。冷藏備用。

成羊頸邊肉（mutton neck trimmings）600 克／胡蘿蔔 100 克，切片／洋蔥 50 克，切碎／大蒜 1 瓣，切碎／白酒 100 克／橄欖油，烤肉用

成羊肉汁（MUTTON GRAVY）　將烤箱預熱至 180°C（350°F）。把成羊邊肉放在深烤盤中，淋一點油。先烤 40 分鐘，再加胡蘿蔔、洋蔥和大蒜，一起烤至微微上色。倒白酒，刮起盤底精華（焦香物），再加 1 公升清水，放入烤箱繼續加熱 1 小時。將煮汁過濾到醬汁鍋中，用中火收汁到剩下⅔的量。

豬背脂 150 克

脆豬油　將烤箱預熱至 160°C（325°F）。把豬背脂切成薄片（用切片機操作尤佳），接著將豬油片夾在兩張防油紙（蠟紙）之間。放到烤盤上，送入烤箱（從上面數下來）第二層。烤 20 分鐘至上色。確認色澤後，取出豬油片，放在廚房紙巾上瀝油。用直徑 5 公分（2 吋）的圓形餅乾模，切出四片圓形豬油片。置於一旁備用。

奶油 1 小球／洋蔥 300 克，切末／酸種麵包 200 克／牛奶，浸泡麵包用／萵苣 590 克／去皮刨成粗絲的蘋果 100 克／帕斯卡德麵糊 300 克（作法請參考上方說明）／蛋 3 顆／鹽 10 克／巴西利 50 克，切碎／牛皮菜 70 克，取綠色部分切碎／鹽醃火腿（cured ham）70 克，切成小方塊／黑胡椒適量

填料　奶油放入煎鍋，等到溫熱時，倒入洋蔥炒軟。麵包浸泡完牛奶後，取出瀝乾，再放在網篩上壓成麵包屑。把一大醬汁鍋的水燒滾，放入萵苣汆燙幾秒鐘。挑出 340 克最大片的菜葉，其餘的橫切成大片。

將烤箱預熱至 170°C（340°F）。取一碗，放入蘋果絲、帕斯卡德麵糊、雞蛋、鹽和適量黑胡椒拌勻。接著和切好的生菜、炒過的洋蔥、巴西利、牛皮菜、火腿和泡過又瀝乾的麵包屑一起混合均勻。把之前預留的大片菜葉鋪在燉鍋（荷蘭鍋）裡，四周垂下一些（等下可以反蓋）。放上填料，將四周的菜葉反折回來蓋住。放入烤箱烤 45 分鐘，用細金屬籤確定熟度——插進去再取出時，要非常燙才行。整鍋取出，置於一旁備用。

上桌前擺盤

成羊羊鞍肉 1 副
／羽衣甘藍葉 20 克
／鹽和現磨黑胡椒
／香柑（Bergamot/bee balm）的花和葉，裝飾用

將烤箱預熱至 180°C（350°F）。把千層酥皮放在鋪了防油紙（蠟紙）的烤盤上，蓋上另一層防油紙後，再放一個烤盤壓住。放入烤箱烘烤 20 分鐘。將酥皮取出，置於冷卻架上放涼，接著小心切出 4 片直徑 5 公分（2 吋），和 4 片直徑 7 公分（2¾ 吋）的圓片。羊鞍肉皮面朝下放入乾煎鍋中，煎至上色。撒上鹽與黑胡椒調味後，移到深烤盤，放入烤箱烤 15 ～ 20 分鐘，接著取出，休息至少 20 分鐘後再切片。把填餡烤萵苣脫模，用直徑 4 公分（1½ 吋）的餅乾模切成圓柱體。成羊肉汁溫熱後，倒一點到盤子上，再把其他元素圍著它擺放。最後綴以羽衣甘藍葉、香柑葉片與花朵即完成。

Le Suquet

「小屋」在賽巴提恩和薇若妮卡接手 Le Suquet 時，經過了整修。但是要怎麼讓一個地方進化，但同時又保留原有的靈魂呢？最後他們沒有碰建築物本身，而只是改裝了裡頭的物件。來自土魯斯（Toulouse）「A+B 設計工作室」（A+B design studio）的設計師哈尼卡・貝雷茲（Hanika Perez）和布萊斯・珍奈（Brice Genre）接受委託處理這些細節，如訪賓動線，以及每日小型儀式所需的物品等。在和薇若妮卡談過之後，他們也認同餐廳的設計要能「展現與支持在地的美」。餐廳中極簡桌子的設計靈感來自宮崎駿的電影。「在那部電影裡，你會看到小男孩和他的奶奶在一張很簡單的木頭桌子邊吃飯，眼前是一片很平靜的湖景，」設計師解釋。「Le Suquet 交會集結了一些永恆事物——花崗岩的礦物景觀、基岩和泥土，與一些有生命力的東西——花朵、光線、料理和人物。

在「客廳」裡，每樣東西都充分顯露這段暫停、珍貴又滋養身心的時光。如同許多客人已經注意到的一樣，這是「真正的奢侈享受」。他們喜歡在餐前，有時甚至是餐後，來這個空間喝點東西。巨大的懸吊式壁龕裡充滿光線，漂浮在一大片隨著微風搖擺的花草上。從天花板照下的光線和新鑲木地板的光澤互相映照，讓這種無重力的感覺變得更加明顯。火爐的罩子是燈籠造型，裡頭可以放蠟燭。晚間只需一名說書人，就可以漸漸沒入奧布拉克的傳說。

歷經千辛萬苦，Le Suquet 飯店餐廳在 1992 年開幕，為了這間餐廳，我的父母投入一切。」賽巴提恩透露。「我們必須拉幾百公尺的電纜、建造一條可以和主要幹道相接的柏油路，還需要挖一口井，這樣才有飲用水。大雪讓一切工程停擺了 6 個月。當地的獵人協會還提出了行政訴訟（後來他們輸了），因為他們過去都在此區獵野兔。」

某些報紙因為餐廳有許多玻璃房，而形容它像一艘「太空船」——一個在停頓與起飛之間猶豫的物體。事實上，這裡是一間牧民小屋，蓋在海拔 1,225 公尺（4,020 英尺）的山丘上，其最高點可達 1,269 公尺（4,163 英尺），上頭一棵樹都沒有。因此，餐廳取名為「le Suquet」，在當地方言的意思是「光禿禿」。這裡是禿頭之丘。布拉斯家族要求建築師艾瑞克・拉菲（Éric Raffy）和菲利普・維勒魯（Philippe Villeroux）建造一棟具有石板瓦屋頂，以及花崗岩、玄武岩牆壁的大型「布隆」（牧民小屋），裡頭總共有 3 個空間平行排列，中間以一條沿著山坡邊往下的古徑相連，一路可以通到拉奇歐樂的村落。這條小路可以看到教堂的尖頂，而另一個十字架，是布拉斯爺爺用森林的乾木頭雕刻的，則是一直插在廚房後面。

在「客廳」裡的玻璃屋頂，把松樹和草地、高地與山谷凹地納入其中。賓客們除非被從床上挖起來，走到屋外，否則他們永遠沒有機會體驗每日清晨 4 點左右，天空中閃爍著星星和許多星系的極美景色。奧布拉克極度純淨的空氣讓天空是墨黑色的，所以星星的亮光非常耀眼。從客廳望出去，您也可以看到日落，只是夏天的時候，太陽很晚才下山。閃閃發光的地平線，放射著紅色、黃色，甚至是綠色的光，接著會出現柔和的白色光暈，預示著星星即將現身。賓客們吸收著太陽的最後幾道光芒，然後突然之間，可能會有幾位客人站起來，俯身向前靠在窗邊——有一道影子快速穿過草地。那是新生代的野兔，平和地住在蘇給之丘上。

白／奧布拉克／Le Suquet

快日落前的 Le Suquet

白湯佐熟成培根、爐烤紅蔥
及烤榛果

White soup with aged free-range bacon,
roasted shallot and grilled hazelnuts

「博韋學院」是最老的馬鈴薯品種之一，它的高澱粉比例讓它特別適合用來煮湯和做成薯泥，且因為果肉顏色很白，所以是這個食譜的最佳選擇。但它的芽眼很多，所以備料時滿麻煩的。

備料

「博韋學院」馬鈴薯 200 克，去皮後切成大方塊／蔬菜高湯 1 公升／去皮切片的胡蘿蔔 60 克／去皮切碎的洋蔥 60 克／韭蔥 60 克，只取蔥白，切末／豬腳（蹄膀〔Ham hock〕）150 克，切成大方塊／奶油 100 克／淡鮮奶油 100 克

白湯 湯鍋以中火加熱，放入蔬菜高湯、馬鈴薯、胡蘿蔔、洋蔥、韭蔥和豬腳煮 30 分鐘。取出增添香氣的食材（胡蘿蔔、洋蔥、韭蔥和豬腳）後，倒入奶油和鮮奶油，接著用果汁機或手持攪拌棒把所有東西打勻。如有需要，可再加一點蔬菜高湯稀釋：馬鈴薯中「乾物質」（dry-matter）的含量會因採收季節和存放時間長短而異。最後湯的質地應該要像液態鮮奶油。

奶油 250 克

澄清奶油 奶油放在碗裡，隔水加熱至融化。等奶油融化後，靜置 10 分鐘。之後奶油中含水的部分（酪蛋白 [casein] 和乳清）會沉到碗底，我們只取上頭透明的部分，最後大概能得到 200 克左右的澄清奶油。

大型「博韋學院」馬鈴薯 4 顆

螺旋馬鈴薯 馬鈴薯去皮後，用適當的機器，將馬鈴薯削成薄長條，接著放進冷水裡。把一大醬汁鍋的鹽水煮滾，放入馬鈴薯長條汆燙 45 秒後，馬上沖冷水降低溫度。放到廚房紙巾上瀝乾水分。

烤箱開啟風扇輔助（旋風）功能，並預熱至 110°C（225°F）。把馬鈴薯長條放到防油紙（蠟紙）上，排成 50×20 公分（20×8 吋）的長方形。刷上澄清奶油，再蓋上一張防油紙（蠟紙）。用銳利的刀子，切出四個 5×20 公分（2×8 吋）的長方形。把這些小長方形塞進螺旋狀的不鏽鋼模子裡，放進烤箱烤 2 小時。需檢查馬鈴薯上色的程度，因為不能太焦黑，所以要視情況調整時間和溫度。將馬鈴薯脫模，拿掉防油紙，放涼。置於非常乾燥的地方備用。

熟成放養豬做的美式培根（五花肉培根）60 克／淡鮮奶油 250 克／鹽適量

培根慕斯 培根切成 3 公釐（⅛吋）厚的片狀。放入煎鍋，慢慢煎到呈淺金黃色。將鮮奶油倒入醬汁鍋中，以小火加熱。把培根和鮮奶油用果汁機攪打均勻。過濾後，視情況加鹽調味，接著倒入裝了一顆氣彈的小型虹吸氣壓瓶中，冷藏備用。

上桌前擺盤

去皮紅蔥 2 顆／橄欖油適量／烘過切碎的榛果 1 小匙／青蔥 2 根

烤箱預熱至 180°C（350°F）。紅蔥淋一點橄欖油後，用鋁箔紙包起來，放入烤箱烤約 30 分鐘。

把熱湯倒進熱過的湯盤中。擺 1 份螺旋馬鈴薯在中央，並往裡頭擠入培根慕斯到螺旋馬鈴薯⅓的高度。放上半顆的爐烤紅蔥，接著撒點烘過的榛果碎，添一些青蔥的蔥綠部分。立刻端上桌。

NOTE ——澄清奶油較容易保存，且發煙點比奶油高。

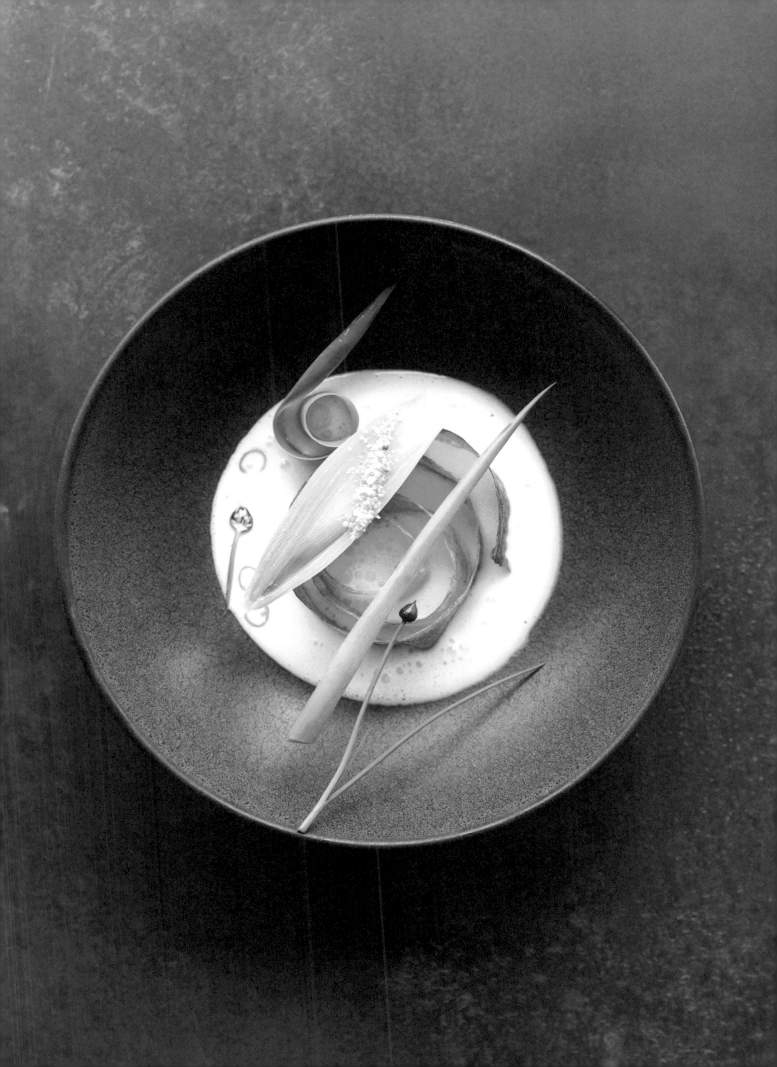

在 Le Suquet 附近採摘蓬子菜

GREEN 綠

像是蔓延在奧布拉克山上荒地，以及與其極為相似之義大利「阿布魯佐」（Abruzzo）地區的青草；像春天迸發的希望，一起萌發的還有拉姆森（野蒜，wild garlic〔ramsons〕）與豬牙花（dog's-tooth violets）；也像米修這樣擅長於植物料理的傳奇大廚；又像是每天早上啟動烹飪工作的採集；還像高山茴香（bald money ／ spignel），這是一種味道類似牛奶的野生洋茴香，讓 Le Suquet 的石頭外牆更為美麗，也妝點了廚房工作團隊扣在綠色圍裙外的夾克；還似賽巴提恩與他的同校好友一起想出來的「米旺」（Miwam）：健康、營養又新鮮的「鄉間街頭小吃」。

Michel 米修

「父親將餐廳託付給我，等於是給了我一份最棒的禮物。我並不是說繼承米修 · 布拉斯的志業，是件容易之事。但他做足了一切，讓我能有萬全準備，面對我嚮往的人生。」

對於賽巴提恩而言，米修 · 布拉斯（Michel Bras）是父親；對於世世代代的饕家而言，米修則是傳奇人物。他發明了岩漿蛋糕（coulant）、「卡谷優」田園沙拉和帶殼半熟蛋佐麵包條（oeuf mouillette），以及「僧帽」（capuchin）[1]。米修從他的散步途中，以及對於草本相關文章的研究，重新找回了許多野生草本植物。他是植物性飲食的先驅，自1978年起，就開始提供以蔬菜為重點的菜式，並在離廚房不遠處，親自打理一片園圃，從播種到收成不假他人之手。1988年，飲食評論家高特與米魯（Gault and Millau）[2]給了他19.5分（滿分為20分），並封他為「年度最佳廚師」。他在1981年獲得米其林一星榮譽，1987年摘下第二顆星，而在1999年獲頒米其林三星殊榮。賽巴提恩說明了這個男人的本質：「我父親從不認為有跟隨潮流的必要；他一直能展現出自己的獨立想法。他的個性很剛強，但總是非常尊重他人。」

評論家用各種詞彙形容米修的料理，如「有創意」、「富含詩意」，甚至是「考古的」，他們把到奧布拉克的旅程，描述得像遠征到世界盡頭一樣。「老布拉斯」的食譜必須像是分析象形文字一般來解譯，而且絕對和您在別處曾嚐過的料理不同。奶滑鹿花菌（Gyromitra）、馬拉巴爾茄科葉菜、羊骨髓（amourettes）、碎蛋與嫩蕨菜。圓頭黃綠雙色櫛瓜、飛碟瓜（pattypan squash）和醃漬黃瓜、橄欖油泡紅南瓜（bénicasses 和 cou-tors）、麵包、鯤魚與新鮮杏仁汁。艾蒿葉（mugwort leaves）、青蔥與大蒜橄欖油香草湯（aïgo boulido）煨鍋煎紅娘魚（gurnard）。認識這些食材絕對不會減少這些菜式的魔力（要等食物擺到盤上您才會發現）：鹿花菌是和羊肚菌有關的蕈菇，要煮熟才能食用（生食具有毒性）。羊骨髓能夠做成酥盒（vol-au-vents，一種酥皮餡餅）的餡料；紅娘魚是一種魚鰭像小飛象耳朵的魚；艾蒿是帶有淡淡苦味的藥用植物；大蒜橄欖油香草湯是用大蒜和香草熬成的湯。至於紅南瓜，雖然它們的法文名字聽起來很像法國的野鳥，但事實上是生長在拉加代勒菜園的赤皮南瓜。

「只要我們對於美好的事物夠敏銳，就能讓創意永不枯竭。」米修說。米修和他的好友畫家皮耶 · 蘇拉吉（Pierre Soulages）一樣，永遠沒想過要停下來（蘇拉吉出生於1919年，即使年逾百歲，依舊照常作畫）。所以，當米修在2007年，宣布要正式離開 Le Suquet 的廚房時，震驚了美食圈。他還可以再日以繼夜地多工作個十幾二十年，每天再多準備個150道料理——製作、拆解、再製作和思考——而他本人絕對也還想再繼續下去。但是，誠如他所說明的：「為了賽巴提恩，我必須退下來……然後我們開始傳承。這是一段相當長的過程，是一種「溶接」（dissolve），就像電影轉場一樣。爸爸慢慢淡化，而兒子漸漸出頭……。」

在餐廳建造時，這對父子甚至簽了道德契約。當時，米修問賽巴提恩：「你想成為團隊的一員嗎？」在1990年代初期，米修想的是離開自家在拉奇歐樂中心地帶經營的小旅館 Lou Mazuc，前往他的歸屬地——Le Suquet 餐廳。為了緩和氣氛，米修還說：「如果你不想，那也沒關係。無論如何，我都會自己開始上工。」1993年時，因為新建物出了問題，而且也沒有新的資金注入，米修把「問號」拿掉了：「我們需要你馬上加入！」當時22歲的賽巴提恩就讀法國埃屈利餐旅管理學校，而且正準備前往舊金山的餐廳工作，然而他必須為此擱置原本的計畫。「對於不能去美國，我覺得很沮喪，但同時我又感到自豪，因為父親開口尋求我的協助，」賽巴提恩回憶。「但我很快就幻滅了，因為我發現我的工作是甜點師傅。我完全摸不著頭緒——因為那需要超多專業的技術！我覺得自己快要溺死了，不停試吃焦糖堅果糖磚、測量蔗糖和異麥芽酮糖醇（Isomalt），以及確定酸性物質的化學反應等等。我每天早上7點開始上班，直到半夜1點才結束；每天下午3點就要開始準備晚餐，然後一路工作到半夜1點，為了隔天的餐點預作準備。」

---

1   「僧帽」是奧布拉克式的「速食」，將裸麥及蕎麥製成的煎餅捲成甜筒狀，裡頭塞滿各種不同的精緻小食。

2   Gault et Millau 為法國餐廳指南，由兩位飲食評論家亨利 · 高特（Henri Gault）和克里斯提恩 · 米魯（Christian Millau）於1965年創立。

米修的性格敏感，「毛很多」。他從未訴諸高壓統治，更不用說是在某些專業餐廳裡會發生的殘忍、羞辱與霸凌事件。為了鼓勵廚師們不斷挑戰自我，他會在員工的工作板上寫一些評語，以老師的姿態，給予嚴格但公正的評價：「還有改進的空間」，或是「做的好，謝謝」。他還會引用詩人或畫家的話，如法國畫家保羅·塞尚（Paul Cézanne）曾說：「那些沒有絕對品味的人，才會滿足於平庸無奇。」（Those lacking a taste for the absolute will be content with quiet mediocrity.）這種評語，連賽巴提恩也未能倖免。有一天，因為有位同事忘記告訴服務生魚快沒了，所以他必須把原本是 20 人份的紅鯔魚魚排，改分切為 30 人份。他的父親知道後，在眾人面前大聲斥責他兒子：「你確定你真的想要當大廚嗎？」其他 15 名廚師嚇到不敢動。有幾位暗笑著。賽巴提恩低著頭，轉身去切紅蔥。「我不是唯一一個被罵的，但我父親說得一點也沒錯，」他說，「很難受沒錯，但我從中汲取了教訓。」

兩三年後，米修讓賽巴提恩把他設計的甜點放到菜單上：烤麵包片先塗奶皮，再加糖漬大黃。這道甜點會搭配焦糖核桃糖磚和一杯非常冰的草莓利口酒。「浮華士」（Fouace）是阿韋龍省版的「布理歐許」（brioche）麵包，外頭有著脆脆的麵包殼，每個村莊都聲稱自己有最正統的食譜。胡先生（Monsieur Roux）是拉奇歐樂村子裡的麵包師傅。他的「浮華士」會刷上摻了橙花的蛋白增添風味，還會加糖漬香水檸檬（citron）讓味道更豐富。米修以前很喜歡這款麵包──頂部香脆，裡頭柔軟綿密又充滿奶油香──胡先生會在每年 11 月 11 日「國殤紀念日」活動後，分送麵包給拉奇歐樂的孩子們。賽巴提恩也很喜歡這項傳統，且正逢他的生日。當米修看到他在 Le Suquet 供應這個麵包時，他感到很驚訝：「我從來沒想過會在這裡看到這東西，因為賽巴提恩是屬於另一個世代的人。這麼做真的很棒。」賽巴提恩信心倍增：「父親藉由同意讓我的菜送到客人面前，告訴我『你進步了』。雖然我還有很多東西要學，但這樣讓我對未來充滿希望。」1995 年時，蘇給之丘入口處的標誌被改掉了，這個舉動明顯無惡意，原本的「米修·布拉斯」被縮短為「布拉斯」，留下空間讓另一個名字可以刻在標誌上。當賽巴提恩收到這份表示敬意的禮物時，他才 24 歲。

2004 年時，賽巴提恩帶著薇若妮卡和兩個孩子：芙蘿拉（Flora）與阿爾班（Alban），一起搬到餐廳隔壁的公寓，而他的雙親則是搬到山丘下，住在拉加代勒。

另一個重大事件發生在 2008 年：米修把賽巴提恩和薇若妮卡叫過來，並宣布了一件事：「今天是一個嶄新階段的開始，我要把我的辦公室交給你。」那間辦公室可以透過兩片玻璃牆看到廚房。「我既感到驕傲，但同時心中備感煎熬，」賽巴提恩回憶。「那是一個你不確定自己是否已經準備好，可以接下任務的時刻。」2009 年，媒體被通知 Le Suquet 的負責人正式換人了。在接下來的三年，米修只有在一年中少數幾個賽巴提恩不在的日子，才會暫代他的位置。2012 年米修永久離開自己在餐廳的工作崗位。當然，他還是會繼續到廚房的角落或甜點工作室試做一些新菜、去照料有著各類罕見蔬菜的園圃，以及幫忙指導家族經營的其他餐廳。但這中間的細微差異很重要：「我還是會做菜，只是不會在 Le Suquet 裡做了，」米修解釋。「我只是退後一步，但還沒有退休！」

兩代移交工作的過程是漸進式的，也歷時好幾年，從「米修」到「米修和賽巴提恩」，然後是「賽巴提恩和米修」，最後才是「賽巴提恩」。這代表著，有很長一段時間廚房裡會有兩個「主」廚：父親和兒子。中間的摩擦雖然都是些瑣碎的小事，但不勝其數，像是米修用的鹽比賽巴提恩用的粗──助廚要注意不要在「指揮艙」裡搞混兩個人用的鹽顆粒大小。事實上，米修早在 1978 年接手 Lou Mazuc 時，就經歷過這種「過場」。米修的父親對於他決定讓 Lou Mazuc「一年休息 3 個月，以好好專注於其他季節營運」的做法很不開心。布拉斯爺爺每個冬天都會站在台階上，一一記下因為吃閉門羹而失望離開的客人。「今天我們損失了 14 位客人；那是多大一筆錢啊！」

米修和賽巴提恩兩人對事物的看法無法完全一致，但他們會達成共識。用平和的語調——為了不要破壞廚房裡大家的專注力——跟對方大喊（一天大概 26 次）：「你覺得這個怎樣？」賽巴提恩會猶豫，而米修則會假裝猶豫——或是真心感到遲疑。畢竟，米修對於自己的料理，一直在改變想法。

米修會把想做的料理畫在筆記本上，事先花好幾個月規畫，但有時就在擺盤前兩分鐘、端到客人面前的前五分鐘，推翻整個結構。而賽巴提恩則相反，他對於每天都從零開始這件事，完全不會感到不安。他畫的是圍圃、草原、潮汐、回憶和旅行帶給他的靈感，以及他所學的數百種風味組合。如果烹飪是個問題，他總是能找到解決的辦法。

和兒子一起的時候，米修有時會丟出震撼彈——天馬行空的想法，如「你覺得一個玄武岩做的盤子加上露水裡映照的一顆星星，如何？」米修做菜就像呼吸一樣。在一時文思泉湧之下，他的筆無法具體呈現他的直覺。賽巴提恩會試著翻譯，描繪出風味組合或擺盤呈現，但這次他放棄了：「我不知道該怎麼做。」那些看過兩人並肩工作的人知道現實情況為何：「米修是『詩人』，而賽巴提恩是『父親的首席工程師』。」——雖然他們兩人身上都各有一部分像夢想家，一部分像科學家。

「他們的傳承就像農家一樣，爸爸要把農地交給兒子。」自 1984 年起，就深知布拉斯家族一切歷史的瑞吉斯・聖熱涅，見證了這場非常平緩的傳遞過程：「中間沒有間斷。」不過，以美食界的歷史學家角度，還是設法想要建立連貫性、分離、衝突與參考。然而，什麼能把賽巴提恩的作品與他父親的區分開來呢？沒有任何一個曾和他們一起工作過的大廚能說出答案，因為無論是父親還是兒子，都不斷在進化中，因此無法把他們的作品，像是畫家或音樂家的作品一樣，用「時期」來切割。賽巴提恩會重新創造出賽巴提恩；Le Suquet 不只是隨著季節演進，而是每天都在改變，即使是「經典」的菜色也不是一成不變。所以，要怎麼區分父親和兒子呢？對於瑞吉斯而言，很簡單：

「米修把 Le Suquet 帶到平流層（同溫層）的高度；賽巴提恩則是建立一致性，讓菜色維持在高水準上。但他們有著相同的基本價值觀——來自奧布拉克高原的一切，是把他們綁在一起的神聖絲線。」

為了進一步加深這種模稜兩可、無法區分的情況，賽巴提恩反而因此贊同一個非常精準的想法，他比較喜歡說「我們」而不是「我」。這種說話方式意味著一個既謙遜又強大的「我們」；例如，當他說：「我們以前常常一次煮很多羊肉。」賽巴提恩可能指的是他父親和他一起，也可能指他的父親單獨和另外一兩個員工（有時實習生會建議搭配野味的醬汁，而這個想法可能會被保留下來），或只有他父親自己一個人。這個「我們」是一種超越個人的精神。「始於奧布拉克」的這個共通點把他們的關係建立在同一個階層，兩人是同時並進的，沒有誰的地位高於另一個，或比另外一個人早開始——雖然日期上根本不是這麼一回事，且賽巴提恩把米修奉為偶像，但他們的想法已經和他們的料理一樣合併了，而跟他們比較親近的人說，有時會很訝異於他們的關係：「米修和賽巴提恩不像父子，反而比較像一對兄弟。」

烤綠蘆筍、嫩黃芝麻葉、蒜芥
和鬱金香

Grilled green asparagus, young yellow rocket and garlic
mustard, morning tulip

四月到了。對賽巴提恩來說，蘆筍就是餐廳放完冬天長假後，重新恢復營業的同義詞。幾塊未融的積雪，也因春天的到來而漸漸化掉。他等不及要開店和重新上市場，所以總是歡欣鼓舞地迎接這段時期的到來。在羅德茲市場裡，佛羅倫特‧肖茲（Florent Chauzit）精心挑選了蘆筍，以供應賽巴提恩最完美的農產品。

備料

綠蘆筍 1 公斤／粗鹽

蘆筍 蘆筍用自來水洗淨。取一把刀片繃緊的銳利削皮器，將蘆筍底部三分之一的皮削掉。需仔細去除所有乾老的粗纖維，並保持原本的圓柱形。

將蘆筍的老梗掰斷，把它們綁成幾小束（但不要綁太緊，避免壓傷）。大醬汁鍋裝滿水後煮滾，以每公升清水加 20 克鹽的比例加粗鹽。小心將蘆筍束放入水中煮 3～5 分鐘，時間根據蘆筍的粗細而定。用淺漏勺撈出蘆筍，並馬上泡冰塊水冷卻。置於一旁備用。

青蔥 4 根／粗鹽

青蔥 將青蔥洗淨，修整掉不能吃的部分。大醬汁鍋裝滿鹽水後煮滾，放入青蔥汆燙 30～60 秒。置於一旁備用。

黃芝麻葉（yellow rocket／arugula）125 克／葵花油 100 克／蔬菜高湯 30 克／粗鹽和細鹽

黃芝麻葉汁 黃芝麻葉用大量清水洗去所有泥土。大醬汁鍋裝滿鹽水後煮滾，放入芝麻葉汆燙 30 秒，接著泡冰塊水冷卻，再用雙手盡量擠乾水分。

芝麻葉和油放入果汁機打成細滑的菜泥。倒入高湯稀釋，並加適量的細鹽調味後，置於一旁備用。

蒜芥（garlic mustard）125 克／粗鹽／葵花油 100 克／粗鹽和細鹽

蒜芥膏 和黃芝麻葉汁的作法相同，但質地要濃稠一點。

去殼榛果 100 克／給宏德鹽之花（fleur de sel de Guérande）8 克

榛果鹽[3] 將烤箱預熱至 160°C（325°F）。把榛果平鋪在深烤盤中，放入烤箱烘 10 分鐘。需不時將烤盤拿出來搖晃一下，以確保榛果上色均勻，烤到微微上色就好。將烤好的榛果取出放涼至室溫。用刀把榛果切成大小均勻的細堅果屑，和鹽之花拌勻。

上桌前擺盤

幼嫩的鬱金香花（包含葉子）4 朵／碎米薺花（Cardamine flowers）適量／芥末籽，適量

烤蘆筍和青蔥 將煎烤鐵板（plancha）加熱。切去蘆筍的尖端，置於一旁備用。用肉錘輕輕敲裂蘆筍莖部。把蘆筍莖放到鐵板上，罩上鐘型金屬蓋或用一張鋁箔紙蓋住。青蔥也用一樣的方式烹調。

將蘆筍尖端直立放到鐵板上，罩上金屬蓋或用一張鋁箔紙蓋住，加熱 1～2 分鐘。需保有脆度。

擺盤 添一抹蒜芥膏到盤上，接著倒一點芝麻葉汁。把蘆筍莖和青蔥平放，蘆筍尖排成一小簇豎放。加一點榛果鹽，並以碎米薺與鬱金香花和葉裝飾，最後撒少許芥末籽即完成。

NOTE —— 如果您沒有煎烤鐵板，可用不沾平底煎鍋代替。

3　原文是日文的「芝麻鹽」，但這裡未用芝麻，而是用榛果，所以直譯為「榛果鹽」。

Spring 春

賽巴提恩是餐廳的掌舵手，與過去緊密連結，像一具方向舵一樣帶領著餐廳。他從來沒有離開過這個位於廚房與用餐區之間的管控站，口渴的時候，他會喝水果克菲爾（kefir），這是一種介於醋與檸檬水之間的提神飲料，是用刺梨仙人掌種籽（prickly-pear seeds）發酵而成，另外他還加了檸檬、無花果和新鮮水果。

Le Suquet 就像一艘迫不及待要啟航的遊艇。

透過八角窗，我們可以凝視樹液上升，看著黃色尖端綻放，預示著春天的到來：那些黃色豬牙花的花苞，之後會來到 Le Suquet 的廚房，而當地黃色水仙花（daffodil）的花苞，則會到達格拉斯（Grasse）的香水廠。到處可見閃亮的螢光綠，陽光把森林變成一間迪斯可舞廳，是種不真實的幻象，還可以看到發芽的植物，蝴蝶停留在窗戶上，綠意引發了感性，慢慢解凍所有感官。

在拉加代勒的園圃裡有各種蔬菜：大蒜、高麗菜、萵筍、菠菜、甜茴香、圓圓的「Raxe」蘿蔔、酸模 [sorrel]、青蔥。也有香草：脂香菊（costmary）、圓葉當歸、小地榆（salad burnet）、普通纈草（common valerian）、金色穗甘松（golden spikenard）、非洲纈草（African valerian）和花荵（Jacob's ladder）。

在廚房裡，用味道就可以辨別時間：早晨在冷盤區（pantry post）會傳來新鮮香草的味道，就像草地已強行把前門打開一樣；中午時，旋轉烤架或各個烹飪站會傳出肉汁和魚汁的味道；用餐時段到達尾聲時，則會是傳來糕點的糖與鮮奶油香氣。這些味道一個接著一個，相互加乘並合併成一種獨特的酒香——不是飽滿濃郁，也不是辛辣嗆人，而是強勁而溫暖——這些加總起來，不只是每日的菜色，也是 Le Suquet 的靈魂所在。

春季的風味是微酸的，就像凱羅勒（Cayrol）的孩子拿著酸模的味道。加了酪梨和核桃增添風味的豬牙花沙拉，另外還淋了點榛果油。這季節的第一批草莓，會配上清爽的冰凍米布丁和玄米茶湯（用米香做成的綠茶）。

回憶中，賽巴提恩偶然發現了一個寶藏：一塊拉姆森（野蒜）田，拉姆森的綠葉和白色雌蕊讓林下灌叢充滿香氣。米修從不曾在散步時，順利找到拉姆森，這是賽巴提恩在一個大晴天，突然遇到的一大片地。就像所有藏得很好的寶藏一樣，這些野蒜就生長在距離蘇給之丘不到一公里處。

飯店前的春日花卉

蛙腿佐克菲爾、高湯凍
和嫩青蔥

Frog's legs with kefir, jellied onion-top stock
and young spring onions

由於山谷的水積累，所以奧布拉克高原上有許多沼澤地，因此也就有青蛙。在距離餐廳僅 400 公尺（¼ 英尺）遠的地方，就能找到青蛙！賽巴提恩很愛用手拿著青蛙腿啃。因為抓野生青蛙需符合嚴格的法規規範，所以餐廳料理的青蛙都是養殖的。

備料

克菲爾菌粒（kefir grain）15 克／生乳 1 公升	**克菲爾菌粒（kefir grain）** 在上菜的 1 ～ 2 天前，先把菌粒和牛奶倒進玻璃瓶中混合均勻，取一張防油紙（蠟紙）蓋住。靜置在常溫下 1 ～ 2 天，直到混合物變濃稠且產生微微的酸味。用紗布（起司濾布）過濾掉克菲爾菌粒（可留下來重複使用）。將做好的克菲爾放入冰箱冷藏。
洋蔥 200 克，切碎／胡蘿蔔 200 克，切碎／韭蔥 200 克，切碎／大蒜 2 瓣／法式香草束（巴西利、百里香、迷迭香）1 束	**蔬菜高湯** 將所有食材放入醬汁鍋中，倒 2 公升清水沒過，煨煮 1 小時左右。過濾後置於一旁備用。
洋蔥青苗 25 克／蔬菜高湯 500 克／鹽和現磨黑胡椒	**洋蔥青苗高湯** 洋蔥青苗用果汁機打成泥後，慢慢倒入蔬菜高湯，攪打至非常滑順的質地。要小心攪打時間不可過長，否則高湯溫度過高，就有可能會失去漂亮的綠色。用圓錐形濾網過濾打好的高湯，加入鹽與黑胡椒調味後，置於一旁備用。
葵花油 100 克／洋蔥青苗 20 克	**洋蔥青苗油** 取一小醬汁鍋，將油燒熱至 140°C（284°F），接著淋在洋蔥青苗上。兩者馬上放入果汁機中打成泥。將油濾出，但不要擠壓濾網上的渣渣（以免油變混濁）。置於一旁備用。
青蛙腿 400 克	**青蛙腿** 用刀把青蛙的背部和腿部分開。切穿靠近足部的骨頭，把每隻腿的肉自骨頭上取下，再將肉捲起來。置於一旁備用。

上桌前擺盤

青蔥 1 把／洋蔥青苗高湯 300 克／寒天粉 1.2 克／奶油 80 克，油炸用／麵粉，裹粉用／蘿蔔芽苗適量／鹽和現磨黑胡椒	精修青蔥的根部和莖，並撕去表層的葉子，用乾淨的水沖洗。將蔥綠斜切成 10 公分（4 吋）的蔥段（切面需整齊）。把洋蔥青苗高湯倒入醬汁鍋中，開大火煮沸，接著加入寒天，再繼續滾 10 秒鐘。適度調味後，倒入湯盤，高度為 1 公分（½ 吋），置於室溫下備用。把奶油放到鍋中加熱，並將青蛙腿裹上麵粉，當溫溫的洋蔥高湯開始結凍時，快速把蛙腿放入鍋中油炸。炸好的蛙腿裹上溫的克菲爾，接著垂直排在溫高湯凍上。用煎鍋小火乾煎青蔥球根，把煎好的青蔥球根和蔥綠排在盤子上，加上適量的鹽和黑胡椒調味，最後以蘿蔔芽苗和幾滴洋蔥青苗油裝飾。

NOTE —— 克菲爾和優格很像，但是發酵的介質不同，且味道比較酸。

Miwam mould
「米旺」模具

奧布拉克的街頭小吃會長什麼樣子呢？是外帶一片「帕斯卡德」（請參考第 50 頁），邊走邊吃嗎？賽巴提恩在創作一款容易吃也容易做的特產過程中，得到許多樂趣，成果不只好吃到讓人停不下來還健康無比。「米旺」（Miwam）誕生於 2006 年，遠看，有點像格子鬆餅、拉長的開放式三明治（tartine）或帕尼尼；湊近看，是一種熱三明治，但本質上又稍微複雜一點。

它的設計概念來自三名同窗好友，他們是埃屈利餐旅管理學校第一屆的畢業生（1991–3）。他們發誓三個人要一起做出一項成果：賽巴提恩‧戴斯伯（Sébastien Desbos，一位來自阿爾代什省 [Ardèche] 的餐廳老闆）、傑若米‧塞勒（Jérôme Celle，有機穀片公司「塞爾納特」[Celnat] 的員工——「塞爾納特」是一間在上盧瓦爾省 [Haute-Loire] 的「家庭式磨坊」）和這位充滿熱情與智慧的年輕廚師——賽巴提恩‧布拉斯。他們齊力想出「米旺」這個點子。名字雖然是編出來的，但卻是個會讓人感到飢餓的字（（法文 miam 是英文的 yum[好吃]）。「Miwam」中間的 W 預告成品每個邊會有斜斜的凹槽，也讓人能夠猜到模具的形狀。

這個吃了會讓人開心的東西是把兩片穀物鹹可麗餅（galettes，原料有單粒小麥 [einkorn]、斯貝爾特小麥〔spelt〕、小麥、黃豆和蕎麥，且不含油脂）先烤過，夾了內餡後，再一起加熱。餡料有肉、魚、海鮮和蔬菜等選擇。賽巴提恩沒忘了他的必備品，所以每份都會添加新鮮植蔬和一種調味品增加亮點。第一年，他做出包有黑線鱈（haddock）、蕪菁、鹽漬檸檬（lemon confit）和葡萄乾的版本，以及另一款餡料為法式布丁白腸（boudin blanc）、紫高麗菜、蘋果和香料的版本。

這是「布拉斯之家」繼米修的「僧帽」之後，再度推出的高品質「速食」。「僧帽」是用蕎麥和黑麥做出脆但不硬的圓錐形煎餅筒，裡頭放滿水果、當地的熟食冷肉、起司、園圃裡的蔬菜與高原上的野生植物。何不試試裡頭放了旱金蓮（nasturtium）、嫩菠菜、煙燻鱒魚、洋茴香與芥末碎的「僧帽」呢？「米旺」承襲了使用新鮮天然食材的原則，但除了奧布拉克的特色外，還兼具了一點日本色彩。

「鯛魚造型的鬆餅——鯛魚燒，是我的靈感來源，」賽巴提恩解釋。「鯛魚燒魚鱗的部分別具風格，像是許多斜線分佈，所以米旺的造型就依樣畫葫蘆。在東京，『鯛魚燒』這種外帶點心，裡頭包的是甜紅豆泥。20 世紀初發明它的原因是為了讓鯛魚——一種許多平常人家吃不起的魚——變得比較容易獲取。」

這三個好友依據貼在許多法國學校和醫院手術等待室牆上，並以 1992 年由美國農業部（United States Department of Agriculture，USDA）所制訂的「飲食金字塔」指引來設計。人體最基本的需求是澱粉（建議一天攝取 6 ～ 11 份），然後是蔬菜和水果（3 ～ 5 份）；奶類（2 或 3 份）及動物或植物性蛋白質（2 或 3 份）。金字塔最頂端是需要控制的食物組成：高升糖碳水化合物以及所有種類的脂肪。每種「米旺」都遵照這些規則，除了叛徒——由巧克力、傳統焦糖或糖漬橙皮（orange confit）製成的甜點款外。

這道可以邊走邊吃的小食，拒絕「快速」兩字加身，是跟著自然與奧布拉克人們沉穩的韻律走，是為了能好好品味它的質地與風味，也願意花時間好好享用餐點而誕生。咬下酥脆的第一口，您就會接著咬下一口。「米旺」和某些三明治不同，它是傳統、分量大又充滿粗糧的鹹可麗餅，所以不會讓您過了一或兩個小時，就感到飢餓。位於羅德茲的 Café Bras，是法國境內販售「米旺」的其中一個地點——另外兩個是巴黎和里昂，這間店的「米旺」提供內用，可以坐下來吃，旁邊會搭配自家產蔬菜做成的沙拉。

「技術上，『米旺』要做的好，需仰賴它的烹飪器具，」賽巴提恩補充。「我弟弟威廉參考鬆餅機，幫我做了第一個模具，這是他的專業領域。他曾是『空中巴士公司』（Airbus）的工程師，相當熱衷於工業設計，自己也設計各種能夠通過嚴格限制的物件。我們必須做出深度夠的溝槽，才能在麵團裡放入正確分量的內餡。同樣地，我們也必須決定理想的長度，這樣鹹可麗餅才不會在吃的時候，從另一頭斷掉。『米旺』是一種小確幸，也是一個考驗我們智力的謎題！」

夏季蔬菜米旺，佐黑橄欖乾調味

Summer vegetable Miwam with dried black olive niac

在所有「米旺」的可能口味中，這一款能夠展現當季農產品的優點，是夏季菜色的縮影——而且無論是在海灘、野營地或步行中，都很容易拿著吃。

備料

白酒醋 120 克
／不甜的白酒 350 克
／洋蔥 1 顆，切成四等份
／西芹和高山茴香的葉子、丁香和檸檬皮屑適量／鯖魚 400 克

斯貝爾特小麥片（spelt flake）50 克／杜蘭小麥粉（durum wheat semolina）110 克／麵粉 10 克
／蕎麥粉 5 克／鹽 5 克

「Andine Cornue」長型番茄 1 公斤，切成四等份／大蒜 1 瓣，壓碎／橄欖油適量／鋪地百里香適量／磨碎的芫荽籽適量／鹽

「Violette de Toulouse」茄子 300 克／橄欖油，刷在茄子上用／鹽和現磨黑胡椒

「Longue de Nice」南瓜 1 條／蓬子菜適量／鹽和現磨黑胡椒

希臘式黑橄欖 100 克，去核

鯖魚餡 第一步，先準備法式蔬菜高湯。把除了鯖魚以外的所有食材放入醬汁鍋中，煮到滾沸後，再維持小滾泡，煨煮 20 分鐘。

將鯖魚片成魚排，拿掉所有魚骨、魚刺後，用自來水沖洗乾淨。將魚排放在盤中，淋上滾燙的蔬菜高湯，加蓋，浸漬，放入冰箱冷藏 24 ～ 48 小時。時間到後，取出魚排，切成大塊，留 120 克備用。

麵團 將烤箱預熱至 150°C（300°F）。把斯貝爾特小麥片和杜蘭小麥粉放進深烤盤中，放入烤箱稍微烘烤 15 分鐘。烘好後，就和其他食材還有 465 克的清水一起放入醬汁鍋中。以小火加熱，需不停攪拌，且不要煮到滾沸，大概需 7 分鐘，或煮到變成光滑的麵團。放涼後，換到碗中，置於冰箱冷藏備用。

番茄餡 將開啟風扇（炫風）功能的烤箱預熱至 80°C（175°F）。切成四等份的番茄用自來水沖掉所有番茄籽。完全瀝乾後，皮面朝下，放在鋪了防油紙（蠟紙）的烤盤上。加上壓碎的大蒜、橄欖油、鋪地百里香、鹽和磨碎的芫荽籽調味，放入烤箱乾燥一整晚，取 70 克備用。

茄子餡 把茄子縱切成厚度 1 公分（½ 吋）的片狀。在茄子片上刷一層非常薄的橄欖油，調味後放到燒熱的平煎烤盤（griddle）上，每面煎烤幾分鐘。完成的茄子片切成大方塊，取 150 克備用。

南瓜餡 南瓜不用去皮，洗乾淨後切成寬 5 公釐（¼ 吋）的長絲狀。加鹽調味後，靜置 10 分鐘，讓它出水，再加黑胡椒調味並撒上蓬子菜的花，取 100 克備用。

黑橄欖乾調味品 將開啟風扇（炫風）功能的烤箱預熱至 80°C（175°F）。將橄欖放在鋪了防油紙（蠟紙）的烤盤上，送入烤箱乾燥一整晚。隔天，確定完全乾燥後，放涼至常溫，接著切成扁豆大小的丁狀，取 10 克備用。

上桌前擺盤

奶油乳酪 40 克
／綜合生菜和可食用的鮮嫩花卉，裝飾用

將所有餡料放入攪拌碗中，輕輕與奶油乳酪混合均勻。

預熱「米旺」模具，等燒熱後，兩邊各放上一點麵團並攤開，讓它稍微加熱烤乾一下。用湯匙舀一些餡料，放在下面那塊，四周需留空。蓋下上層模具，加熱 8 ～ 10 分鐘，直到金黃酥脆。加熱時間可能會因蔬菜含水量而異。重複同樣的程序，做出 4 份「米旺」。

放到盤上，佐以黑橄欖乾調味品、綜合生菜和花卉即完成。

NOTE —— 剩下的番茄餡放進寬口罐，淋橄欖油覆蓋，可保存 1 週。「Violette de Toulouse」這個品種的茄子很特別，因為它的果肉結實、是粉紅色，且籽很少。「Longue de Nice」南瓜則是果肉相當濃密，口感格外有趣。

Picking from the garden
園圃採摘

園圃是世界的中心，神話暗示生命起源於花園。在這裡，有一道巨大的沙拉，用跨越五大洲的蔬菜組成，這些蔬菜生長在一小塊地上——一個微型宇宙。園圃誘人進入其中享樂，但其實也同時要付出艱苦的勞動，因為這裡需要人力俯向苗床照料。布拉斯家族在拉加代勒有塊園圃，這塊地在賽巴提恩度過童年夏日的農場附近、在他外婆出生的「城堡」對面。他們在裡頭種了一些神奇的種籽：有牡蠣味的葉子（濱紫草 [Mertensia]）、有培根味的根類植物（月見草 [Oenothera]）、還有草莓菠菜（spinach-strawberry，學名為 Chenopodium capitatum），但它既不是草莓，也不是菠菜，而是一種黑莓，帶有一絲絲榛果香氣。大約有 200 種神秘的植物，被細心種植在長長的鋅管中，管子上頭的一些國名是紀念一次次的旅行，註記著地球上的各個位置。有許多物種是去南美、亞洲和非洲旅行時帶回來的。還好有這塊園地，來自世界各地的植栽，都能在這裡找到第二個家。

只要 Le Suquet 有營業，採摘工作就會從每天早上 7 點開始，這意味著在 4 月以及秋天時，需要在黑暗中打燈，另外還要穿上長外套——即使在夏天，長外套也是必備，因為在薄薄一層露水籠罩下，蚊子蓄勢待發。9 位來自 Le Suquet 的廚師和甜點師會採集當天菜單需要的食材，他們把採好的東西，依物種分開置放在小小的備料托盤上。「需要 28 枝 X 和 6 根 Y。」他們是藥劑師或植物學家嗎？不，他們是廚師。

如果沒有這些每日採摘，Le Suquet 就無法施展魔法了。這些食材在「變身」之前，都經過觸摸、檢查，還有嗅聞。一開始，米修和吉娜特委託當地市場的園藝花匠，幫忙照料這些從外地帶回來的植物，讓它們能適應當地水土，但他們後來決定在蘇給之丘的窗戶下頭，打造自己的園圃。但是，海拔 1,200 公尺（4,000 英尺）的高度，只能種活高麗菜和馬鈴薯。所以菜園被移到海拔比較低的拉加代勒（低於 400 公尺／ 1,300 英尺）。終於在 2005 年，成功收成了第一批作物。這塊地比較涼爽，且土壤為酸性，沒有來自古老火山岩的過多礦物質。這種土壤的優點是能夠減緩植栽的生長；有利於它們的自然脾性，且能濃縮裡頭的汁液。

這個早晨，一如往常，廚師（兼採摘者）把「卡谷優束」（大約有 40 種植物）放在一起，用細長的蔬菜纏起來；「茴香類束」（anise bouquet），可為奶油或魚類帶來更多風味（甜茴香、茉莉芹 [cicely]、龍蒿和貓薄荷 [catmint]）；「蔥屬植物束」（alliaceous bouquet）（粉紅、黃色或藍色的大蒜），可以挑逗味蕾；「酸溜溜束」（各種酸模），能夠與肥肝形成對比。廚師們也會挖出一些蔬菜補足在羅德茲市場沒買到，如口感絲滑的萵筍、風味強烈，比傳統美生菜更辛辣的沙拉葉——春天的嫩菠菜或夏天的紐西蘭菠菜（New Zealand spinach）、冰花（ice plant）和鹿角菜（buck's horn plantain／minutina）。

「我們最後要不要去鼠尾草溫室？」有人提議。這一小群人接著走向鼠尾草黃色（鳳梨鼠尾草 [pineapple sage]）、紫色（龍膽鼠尾草 [gentian sage]）和緋紅（康定鼠尾草 [meadow clary]）的雌蕊，有些大黃蜂正興高采烈地採著蜜，這些大黃蜂很樂意把這個溫室當成牠們的第二個家。清單上的每一樣都完成了，但是工作還沒結束。採集者必須回去解決黃色和猩紅色牛皮菜的緊急情況，因為它們已經到達風味最棒的時候了，葉子朝著天空筆直成長，就像銳利的鉛筆一樣。這樣蔬菜的採集不在預期之內，但園圃說了算。

有些人說夏天是最適合觀看拉加代勒微型世界的季節，而春天則最適合嗅聞五花八門的農作物。又或者說，春天最適合品嚐香草，夏天是水果，而秋天則是蔬菜（不耐高溫，否則會又硬又苦）。冬天，自然界進入休養期，植物也因為高濕度（非因寒冷）而相繼死去，等待來年春天的重生。

詹姆斯·古爾德（James Gould）從 2012 年起，就是這塊園圃的首席園丁，他形容拉加代勒是「快樂的小島」。他來自英國的多塞特郡（Dorset），讀的是美術，在轉行從事園藝工作之前，則是擔任家具木工。他認為一塊園圃也可以打造成充滿美感的藝術作品。米修·布拉斯自己推想出走道、苗床、各種物種混合的幾何學，他依據的是引領他料理的箴言——美與好。「我們做了很棒的規畫，」詹姆斯承認，「但你不該嘗試過度馴服大自然。植栽總是照著自己的意思成長。」

有些不願意在容器裡萌芽，如通常種在日本的植物魚子醬——海葡萄（umibudo）。相反地，另外一些，如「墨西哥茶葉」土荊芥（epazote）、「墨西哥薄荷」到手香（country borage），以及「海茴香」岩地海蘆筍（rock samphire）則很喜歡這樣的緯度，因為與它們原生的地點相似。同樣快樂生長的還有藿香屬植物——在亞洲和北美洲大量生長的花卉，在那裡取代洋茴香放在蔬菜和魚類料理，甚至是甜點中增添風味——也在拉加代勒紮根。這些藿香屬植物（學名為 Agastache）的品種名稱，被列在小小的標誌上。它們的名字聽起來像是搖滾音樂專輯的封面：Golden Jubilee、Honey Blue、Little Ader、Purple Pygmy、Raspberry Summer、Red Fortune、Santa Monica、Serpentine、Summer Love、Top、Citronnade、Karma Yellow、Carmine、Sangria、Orange、Rose、Rose Clair、Violette、Apache 和 XG Volty。

為了進行這場戶外的實驗，米修和賽巴提恩瘋狂閱讀古老的園藝年鑑，並且遵照熱門的行為準則，跟著月亮走，要在這個和那個聖日之間栽種等等——經過證實，這些不一定是正確的預測。這對父子依循他們看待自然、人性和烹飪的角度，從來不用工業化學品。他們在植物上噴灑黑肥皂（black soap）以驅趕寄生蟲。蚜蟲則是用葵花油驅除——或是用更激進的手段——放出瓢蟲來吃蟲。如果病害擴散了，就拔除，且該植物會從餐廳的菜單上除名一整年。

身為農夫的外孫，賽巴提恩知道園圃的成功，一定交織著悲劇——園圃永遠都是那麼脆弱，會受到冰霜、冰雹、乾旱和其他會在幾分鐘內毀了數個月心血的災害影響。災難有時會以意想不到的方式來襲：有一天，正當某些極優的蘋果樹，在經過 5 年的癡心等候，終於開始開花，準備要在拉加代勒度過快樂、平靜的「樹」生時，這塊地卻被兩個從鄰近田野跑來的不速之客入侵了。兩隻好奇的公牛用長角猛撞，用蹄子重踩，真的是製造了一場浩劫！

七月之選

賽巴提恩和米修‧布拉斯在拉加代勒園圃

生長在拉加代勒和Le Suquet附近的植栽

莧菜	高山茴香	羅勒	甜菜根	秋海棠（Begonia）
白玉草（Bladder campion）	白／藍琉璃苣（Borage）	紫茴香／古銅茴香（Bronze fennel）	棕芥末（Brown mustard）	剪秋羅（Campion）
葛縷子（Caraway）	貓薄荷	洋椿屬（Cedrela）	洋甘菊	牛皮菜
香葉芹	繁縷（Chickweed）	蝦夷蔥	菊花	茉莉芹
紫草花（Comfrey flowers）	普通甜茴香	普通酸模	普通纈草	芫荽（Coriander或Cilantro）
脂香菊	捲葉紫蘇（Curly perilla）	蒔蘿	豬牙花	非洲芥菜（Ethiopian mustard）
開花櫛瓜	法國酸模	法國酸模「銀盾」（French sorrel 'Silver Shield'）	水芹（Garden cress）	藿香屬植物
刺甘草（Glycyrrhiza echinata）	金色穗甘松	「鈴鐺」胡蘿蔔（'Grelot' carrot）	心形葉變色龍魚腥草（Heart-leaved Houtuynia 'Chameleon'）	墨西哥香草
辣根（Horseradish）	匈牙利藍色南瓜（Hungarian blue squash）	牛膝草（Hyssop）	花蒭	七葉膽（Jiaogulan）

羽衣甘藍	小松菜 （Komatsuna）	香蜂草 （Lemon balm）	檸檬馬鞭草 （Lemon verbena）	檸檬香茅
南瓜 （Longue de Nice）	圓葉當歸	山酸模 （Maiden sorrel）	萬壽菊 （Marigold）	星芹 （Masterwort）
「達佛涅斯」星芹 （Masterwort 'Daphnis'）	日本水菜 （Mizuna）	旱金蓮	紐西蘭菠菜	洋蔥南瓜
牛眼雛菊 （Ox-eye daisy）	青江菜	三色堇 （Pansy）	金鈕釦（天文草） （Paracress）	豌豆苗
胡椒薄荷 （Peppermint）	「那不勒斯之滿」瓜 （Piena di Napoli）	葡萄牙蒜 （Portuguese garlic）	委陵菜 （Potentilla）	蘿蔔
紅酸模	大黃	俄羅斯紫高麗菜 （Russian red cabbage）	鼠尾草	亞美尼亞地榆 （Sanguisorba armena）
山椒	花椒	金魚草 （Snapdragon）	春綠甘藍 （Spring greens）	青蔥
草莓菠菜	甜萬壽菊 （Sweet mace）	菊蒿 （Tansy）	龍蒿	墨西哥綠番茄 （Tomatillo）
越南香菜	紫羅蘭	白芥末	野蒜	野芝麻葉
鋪地百里香	冬木 （Winter's bark）	紅脈酸模 （Wood dock）	酢漿草 （Wood sorrel）	西洋蓍草 (Yarrow)

烤蕎麥餅、卡莎膨粒
與拉加代勒園圃的春酸模

Roasted buckwheat biscuit, puffed kasha and spring sorrel
from the Lagardelle garden

「卡莎」（Kasha）是烘烤過的去殼蕎麥粒。蕎麥屬於蓼科（Polygonaceae），不含麩質，所以深受麩質過敏者的喜愛。它帶有淡淡的煙燻味，味道比其他穀物來得明顯。從園圃摘來的酸模和紅脈酸模，嚐起來酸溜溜的，在味蕾上能和濃郁的餅乾形成鮮明的對比。

備料

牛奶 400 克／奶油 90 克，預留額外分量塗抹烤盤用／鹽 6 克，預留額外分量打發蛋白用／蕎麥片 110 克／蛋黃 80 克／蛋白 90 克

烤蕎麥餅 將烤箱預熱至 180°C（350°F）。取一醬汁鍋，將牛奶、奶油和鹽煮沸。倒入蕎麥片，離火浸泡 30 分鐘。拌入蛋黃，要注意整體溫度不可過高。蛋白加一小撮鹽，打發至乾性發泡。輕輕地將蛋白泡與蕎麥糊拌合。在 30×20 公分（12×8 吋）的深烤盤內抹上奶油，再倒入拌好的蕎麥糊到約 5 公分（2 吋）高。先烤 15 分鐘，接著將烤箱溫度降低至 150°C（300°F），再繼續烤 30 分鐘。用刀尖測試餅乾熟度：戳進去再取出時，要是乾爽、無粉糊沾黏的狀態。完成後，把餅乾倒扣出來，放涼備用。

葛粉（arrowroot）2 克／檸檬汁 1 小匙／鹽 3 克／橄欖油 50 克／蛋 1 顆／檸檬羅勒（lemon basil）末 3 克／香葉芹末 3 克／龍蒿末 3 克／芫荽（香菜）末 1 克／圓葉當歸末 1 克／芝麻葉醬（作法請參考第 120 頁）20 克

香草油醋醬 葛粉用一點冷水調勻。取一醬汁鍋，將 100 克水煮沸，接著倒入葛粉糊。大力攪拌後，用圓錐形濾網過濾，置於一旁備用。將 50 克煮好的葛粉糊、檸檬汁和 2 克鹽倒入碗中攪拌均勻。慢慢倒入橄欖油，邊倒邊用打蛋器不停攪拌。調味後，置於一旁備用。醬汁鍋裝滿水後煮沸，放入雞蛋煮 6 分鐘到半熟。用冷水沖涼後，剝去蛋殼，拿叉子把蛋搗成泥，接著放入各種香草、剩下的 1 克鹽和芝麻葉醬，用打蛋器拌勻同時，緩緩倒入 100 克的檸檬橄欖油，置於一旁備用。

蛋 1 顆／園圃摘來的酸模 1 把／葡萄籽油 200 克／蔬菜高湯，稀釋用（可省略）／鹽

田園酸模乳醬 雞蛋依照上述方法，煮成半熟水煮蛋。酸模摘掉梗後，用自來水洗淨。將半熟水煮蛋與酸模放入果汁機攪打至滑順。如有需要，可用一點點蔬菜高湯稀釋。慢慢倒入葡萄籽油，並加入適量鹽巴調味。

卡莎 50 克／葵花油 100 克／鹽

卡莎膨粒 卡莎用自來水沖洗過後，徹底晾乾。取一醬汁鍋，將油燒熱至 240°C（475°F），接著放入卡莎炸幾秒鐘，直到穀粒膨脹。用漏勺取出爆好的卡莎，倒在廚房紙巾上瀝油，加入適量鹽巴調味。

蛋 2 顆

蛋白 醬汁鍋裝滿水後煮沸，放入雞蛋煮 9 分鐘。用冷水沖涼後，剝去蛋殼，取出蛋黃，留作他用，並將蛋白放在網篩上壓碎——大小要像粗粒杜蘭小麥粉。

上桌前擺盤

奶油，烹調用／法國酸模葉、銀酸模（silver sorrel）葉、山酸模葉、紅酸模葉、酢漿草葉與紅脈酸模葉，適量／鹽

用直徑 4 公分（1½ 吋）的餅乾模將烤好的蕎麥餅切成圓形。奶油放入煎鍋中，以中火燒熱，再放入餅乾將兩面煎上色，共需 3 分鐘，途中要常翻動。

將 3 塊圓餅放到盤上，並以香草油醋醬調味。擺上酢漿草、酸模和紅脈酸模葉，最後以卡莎膨米收尾。用田園酸模乳醬和過篩的蛋白粒，幫所有食材調味。

Gargouillou

「卡谷優」田園沙拉

小時候我幫忙做的第一道菜，也許就是「卡谷優」，我到現在都還記得它的滋味。父親會說：「賽巴！去把香草拿來給我！」然後我就會趕快跑過去，把那些小托盤遞給他。他小心翼翼地將香草逐一穿插在蔬菜、芽苗、時令鮮果、花卉還有菇蕈之間。這道父親在 1980 年創作的菜式，外觀是一道絕美的沙拉。以溫沙拉的形式上桌，裡頭富含各種口感、風味、香氣、顏色與光影。

「卡谷優」田園沙拉是獨一無二的，會因每日白天情況、天氣和氣氛心境而有所不同。即使同一桌的兩個客人，也不會得到完全一模一樣的兩盤。而同一個人的每一口，內容也絕不會相同。在您叉起的兩口之間，口感會從柔軟到硬實；口腔中同時感覺到又酸又甜、然後是胡椒香氣和甘甜、清脆及苦味、入口即化與清新——這些感受或許是循序漸進，也可能是百花爭鳴、交織穿插！電腦或許可以計算出究竟有多少種排列組合，然而，「卡谷優」田園沙拉經過縝密計算，但同時充滿詩意。

「卡谷優」的準備工作從每日早上 7 點開始，首先要到拉加代勒的園圃採摘食材。有很長的一段時間，我都是自己剪，後來才把這份工作交給餐廳的廚師，請他們把軟葉香草（龍蒿、巴西利、青蔥和蝦夷蔥）、鄉野香草（country herbs，如辛香的越南香菜和帶有黃瓜清香的地榆 [burnet]）、花卉和沙拉嫩葉帶回來。每一盤「卡谷優」都混有 60 ～ 80 種不同的植物，其中食材的分量必須經過仔細衡量。比如說，「冬木」能讓人感到溫熱，但也有可能破壞一切平衡——這種植物非常嗆辣，甚至可以讓味蕾麻痹 10 分鐘！

早上 8 點 30 分到 10 點，會有 9 名廚師著手準備「卡谷優」田園沙拉。蔬菜需從各個角度仔細檢視：兩根胡蘿蔔會因其形狀、成熟度、當日天氣以及我們想要的效果，而有不同的切法和烹煮方式。我們會用削皮刀（peeling knife）來切蔬菜，這種刀一般會拿來切除朝鮮薊不能食用的部分，將韭蔥、青蔥的蔥白和蔥綠分開放；把青花菜、白花椰菜和寶塔花菜（Romanesco cauliflower，又稱「羅馬花椰菜」）的花冠與粗梗分開，花冠部分切成小朵。食用這些蔬菜「骨幹精髓」——是粗梗而不是花冠——的想法，在父親開始執行的當時並不盛行。原則上，我們不會丟掉任何食材——全部都會利用。嫩胡蘿蔔頂端的綠葉，可以生吃或炸過；朝鮮薊的莖如果夠嫩，我們就會拿來入菜；切整下來的蔬菜邊角，同樣也不會被遺忘，然而，我們會將它打成泥，做為醬汁或蔬菜汁的基底；最後，削下來的蔬菜皮，則是化為堆肥，倒回拉加代勒的園圃。

綠／回憶／「卡谷優」田園沙拉

接下來，我們要來彈奏「蔬菜切片器」[4]。刀片傳來很大一聲「夸」，告訴我們結頭菜（kohlrabi）有點硬，最好的處理是切成絲。我們把蔬菜切片器的厚度調為 1 公釐來切胡蘿蔔，如果需要厚一點的蔬菜片，就調為 3 公釐，這樣能增加分量，也比較不容易化掉。根據季節，這些蔬菜片可能是黃或白櫛瓜、長型蕪菁、結頭菜或萵筍。

我們喜歡用「英式」做法來料理蔬菜：把各種蔬菜放進滾沸的鹽水裡煮，再放在冰塊上冷卻，接著依種類，放進不同的醬汁鍋中。蔬菜也會和香料一起煮成法式蔬菜高湯、放進烤箱爐烤（大蒜、洋蔥）、煨煮（高麗菜）、滾煮（鷹嘴豆、各種豆類）、油炸／油煎、燉煮或放到煎烤鐵板上煎封（sear）。

大約在 2015 年時，我決定要添加一些非常具有個人特色的東西到父親發明的這道菜裡，透過不同的版本，既守護這道沙拉的精神，又能改變方法和內容。於是，我做了「夏季生卡谷優田園沙拉」。誠如它的名字所示，會在 7 月和 8 月提供，且內容物全是生的蔬菜──或用不同方法：鹽、醋或甚至是糖，熟化蔬菜（糖和黑胡椒或一點水混合，可以用來引出蔬菜的水分，就像鹽巴讓小黃瓜出水一樣）。某些蔬菜則是會和調味料一起醃漬。另外一些會用乳酸發酵，蔬菜和水、鹽，有時還會加一點香料，一起放入寬口罐裡保存，這就是製作德國酸菜的過程。雖然用這些方法很難控制蔬菜「烹調」的時間，但它們能讓蔬菜非常柔軟。

為了要完成「卡谷優」，我們用了香草、花卉、蕈菇、穀物片或發芽種籽（先催芽幾天──就像小學時讓我們嘖嘖稱奇，用棉布把扁豆包起來的科學實驗專題一樣！）這道菜接著會用一點蔬菜或培根高湯，或甚至是用野生植物（例如，野蒜／拉姆森、蓬子菜、高山茴香、接骨木莓 [elderberry] 或地榆）風味的卡士達醬（蛋奶醬）來增加濕潤度。

「（尼亞克）調味品」（Niacs──布拉斯的專屬文字，專指調味品與佐料）是另一個不可或缺，在菜餚端上桌前要加到盤子上的元素。我們用油淋出線條，這些油浸泡過蝦夷蔥、香菜、貓薄荷（風味類似洋茴香或檸檬類水果）、圓葉當歸（味道類似西芹）或眾多野生植物的其中一種。我們也會加一小撮日式芝麻鹽，或少量香料。每樣東西都不斷變化，甚至連盤子的選擇也不同。可能會將「卡谷優」放在大平盤上，讓蔬菜有伸展的空間；或貼緊地擺在內凹石碗裡，以保留溫熱汁液中的美味優勢。

「卡谷優」這個菜名是父親取的，來自同名的當地牧民料理──包含馬鈴薯、高湯、本產火腿和胡椒。「卡谷優」這道菜無論是春天、夏天或秋天端到客人面前，裡頭食材是熟的還是生的，依照的是我父親的作法，還是我建議的方式，我們呈現的永遠是「盤子裡的大自然」，表示我們對草原的敬意。

4　譯註：這是一個同音梗，樂器「曼陀林」和蔬菜切片器的英文都是 mandoline。

夏季「生」卡谷優田園沙拉

'Raw' summer gargouilloup

這是賽巴提恩對父親 1980 年所創之著名菜色的詮釋。在夏季（從 7 月到 8 月），特別適合製作這個版本。每年這個時候，市場裡會有滿滿的各種蔬菜，再加上園圃採摘來的農作物，這道「卡谷優」裡包含了超過 120 種不同的食材！在夏季版本中，每樣蔬菜都是「冷」處理，或只是稍微火烤或用烤箱爐烤過而已；沒有任何一樣是經過滾水烹煮。這道「卡谷優」屬於冷食，加上花香油調味，能帶來各種未知的風味。

前言

每人份為 100 克蔬菜

下面是蔬菜準備工作的主要原則。各式各樣不同的蔬菜，切法、醃漬時間、食醋類型和醃菜都能放進沙拉裡；儘管試試看！就像在 Le Suquet，即使是經典的「卡谷優」，也絕對不會出現一模一樣的兩盤。這是一道「活」的菜。請盡情發揮想像力：這樣成果會更加燦爛出色。

備料

白牛皮菜／甜菜根
／橘色胡蘿蔔
／拆成一支一支的西芹
（不含葉）／自選糖／自選醋

其他可用食材：
「青肉」蘿蔔／「紅肉」蘿蔔
／「Zlata」蘿蔔
／「Ardèche」辣根

酸甜蔬菜 蔬菜去皮洗淨。依照您的喜好，切塊、刨碎或切成細絲。大塊一點的蔬菜，需要先用針戳洞，以加快醃漬入味的速度。不同的蔬菜需分別放入個別容器中。

製作醃汁：糖、醋和水的比例為 1：2：3。醃汁的量取決於蔬菜的量，以及有多少種不同的蔬菜。

用醬汁鍋將水、糖和醋煮滾，接著直接倒在蔬菜上。放涼後，送入冷藏。醃漬時間會因蔬菜質地而有所不同，最少需靜置至醃汁涼透，或最多 3 天。

還能做許多變化——您可以把水換成滋味飽滿的高湯，將糖換成更精製或更粗製的種類和／或風味醋。

青江菜嫩葉／野草莓／黃甜菜根
／大黃／鵝莓（醋栗）／青蔥
／紅甜菜根／黑醋栗／豌豆

其他可用食材：「Jaune du Doubs」胡蘿蔔／胡蘿蔔／萵筍／「Longue de Nice」南瓜／「紅俄羅斯」羽衣甘藍（Red Russian' kale）／「白冰柱」蘿蔔（'White Transparent' radish）／「Sans Pareil」豌豆／甜玉米／番茄（牛番茄／克里米亞黑番茄 [Noire de Crimée] ／「Andine Cornue」長型番茄／墨西哥綠番茄／翼豆（Asparagus peas）

生蔬菜水果 蔬果去皮洗淨。依照您想要的口感刨成薄片、切絲、挖成球狀等。建議將比較硬實的蔬果切細／薄一點，比較柔軟的則切粗／厚一點。甘藍類蔬菜的葉子與粗梗需分開，蘿蔔整顆或切成一半呈現。備好的蔬果要用濕布蓋住，以免乾掉。

粉紅蘿蔔／「紅肉」蘿蔔／瑞士甜菜（Swiss chard）／海蘆筍（Samphire）／黃櫛瓜

乳酸發酵蔬菜（乳酸泡菜） 這個古老的方法讓您一年四季都能夠享用各類蔬菜——而且，眾所皆知，乳酸發酵對健康是很有幫助的。大部分的蔬菜都可用此方法處理，而蔬菜的切法不只會影響口感，也會影響發酵時間。

／「大根」蘿蔔（Daikon radish）／紅甜菜根／黃甜椒／馬交朝鮮薊／洋蔥／泉水／鹽

其他可用食材：春綠甘藍／皺葉甘藍（Savoy cabbage）／羽衣甘藍／歐洲海甘藍（Sea kale）／蕪菁／青花菜／結頭菜／「Rose de Pâques」蘿蔔／「Jaune Boule d'Or」蕪菁／「Milan Rouge」蕪菁／「Petrowski」蕪菁／亞美尼亞黃瓜（Armenian cucumber）

製作醃汁：在大醬汁鍋中，混合泉水及水量 3% 的鹽並煮滾。移鍋熄火，放涼備用。

蔬菜去皮洗淨後，用蔬菜切片器切成不同粗細的蔬菜絲。把蔬菜放進消毒過的寬口罐中，壓緊，再倒醃汁沒過食材。加蓋，經過時間，等它們發展出不同的風味與口感。

若是想讓醃汁有不同的顏色和味道，您可以加一點咖哩粉、薑黃粉，或煙燻紅椒粉（paprika）到寬口罐中。

「Violette de Toulouse」茄子／白甜菜根／綠櫛瓜／綠飛碟瓜／白花椰菜／青花菜／圓櫛瓜／自選風味油（請參考下方說明）／鋪地百里香

其他可用食材：「克拉帕丁」甜菜根（'Crapaudine' beetroot）／紅甜菜根／「Sucrine du Berry」南瓜／「Jaune Boule d'Or」蕪菁／「Des Vertus Marteau」蕪菁／「Longue de Nice」南瓜

爐烤和／或火烤蔬菜 為了增加一點主角到沙拉中，可以將一些整顆蔬菜淋點風味油後，放入烤箱爐烤，或放到鐵板或炭火烤爐上火烤。接著，將蔬菜打成泥，或切成片再以鋪地百里香調味。

小番茄／櫛瓜／雙色莧菜（Bicolour amaranth）／白花椰菜芯／草莓菠菜葉／幾根西芹／自選醋（有對比風味的）

其他可用食材：皇宮菜（Malabar spinach）／羽衣甘藍／歐洲海甘藍／紅山菠菜（Red mountain spinach）／菠菜

「軟」葉菜 「軟」葉菜是在端上桌前至少 10 分鐘，淋一點自己喜歡的醋在綠葉蔬菜上調味。經過醋軟化的葉菜，會產生不同的質地。您也可以用同樣的方法處理萵苣心（lettuce heart）等蔬菜。

荷蘭豆／球狀朝鮮薊（Globe artichoke）／橄欖油，炒蔬菜用

清炒蔬菜 荷蘭豆洗淨，去除粗絲（保留尖尖的柱頭）。用非常銳利的刀子，去除朝鮮薊不能食用的部分，然後切成 8 塊舟狀。

鍋裡淋一點油燒熱，放入荷蘭豆和朝鮮薊快炒。炒到有一點上色後，加 2 大匙水。加蓋，時不時開蓋翻拌，大約 1 分鐘後，蔬菜呈現微軟的狀態即可起鍋，放涼備用。

蓬子菜花／葡萄籽油

其他可用食材：接骨木花／旋果蚊子草花／高山茴香／萬壽菊／金雀花（Broom flowers）／鋪地百里香花／蝦夷蔥／圓葉當歸／青蔥

風味油 食材理完後，沖洗乾淨並晾乾。摘掉花上枯萎的花瓣並沖掉泥土。

把葡萄籽油倒入醬汁鍋中，加熱至 50°C（122°F）。放入足量的花朵或香草，移鍋熄火，浸泡入味 48 小時，也可放置更長時間，視您所用的花卉類型，以及您想要的風味濃淡而定。

把泡好的油過濾，小心將油與植物出的水分離，這樣有利於保存。因為水的比重比較重，所以會沉在容器底部。做好的風味油，放在陰涼處，可以保存數週。在 Le Suquet，我們會準備許多款風味油：依照季節，我們會使用百里香、鋪地百里香、旋果蚊子草、接骨木莓、蓬子菜、金雀花、青蔥、蝦夷蔥和圓葉當歸等。若想萃取出最佳的風味，請選擇成熟的香草和花卉。

寒天粉 1.5 克／大麥味噌 50 克／蔬菜高湯或水 150 克／橄欖油 2 小匙

大麥汁 200 克清水和寒天粉倒入醬汁鍋中，拌勻後煮滾。放涼，等待成型。將凝凍攪打成滑順泥狀。

另取一醬汁鍋，把大麥味噌、蔬菜高湯（或水）、橄欖油和 20 克的寒天糊混合均勻。慢慢攪拌，直到湯水變濃稠。可視需要，讓湯水稍微收汁，靜置放涼。

糖 20 克／大黃 200 克，切成薄片／葵花油 20 克／檸檬汁 15 克／果醋 12 克／鹽 5 克／寒天糊（作法請參考上面說明）30 克

大黃油醋醬 糖和 200 克清水倒入醬汁鍋中，拌勻後煮滾。把切成薄片的大黃放入醬汁鍋中，倒入煮好的糖水蓋過，接著用文火煮 10 分鐘。過濾，保留煮汁，將煮過的大黃留作他用。

200 克的大黃煮汁與油、檸檬汁、果醋和鹽混合均勻。加入寒天糊，用打蛋器攪拌，讓油醋醬的質地變得稍微濃稠一點。

芝麻葉 400 克／鹽和現磨黑胡椒

芝麻葉醬 大醬汁鍋裝滿鹽水後煮滾，放入芝麻葉汆燙 30 秒，撈出泡冰塊水冷卻後，徹底瀝乾水分。攪打成滑順的泥狀，可視需要，加一點清水稀釋。以適量鹽和黑胡椒調味。

黃豆／扁豆／苜蓿種籽／葵花油，油炸用／鹽

其他可用食材：藜麥（Quinoa）／斯貝爾特小麥（Spelt）／燕麥

發芽豆類 把豆子和種籽根據攤商或包裝指示泡水。從浸泡的水中瀝出種籽，再度沖洗後，倒在廚房紙巾上攤平，以稍微打濕的廚房紙巾蓋在上頭。靜置到肉眼看得到發芽。

稍微把豆子和種籽擦乾，接著放入 170°C（340°F）的油鍋裡炸。炸好後薄薄撒點鹽調味，並置於廚房紙巾上，吸掉多餘油份。

4 把季節性植物：
雙色莧菜／紅脈酸模／藿香屬植物／金色日本穗甘松（Golden Japanese spikenard）／茉莉芹／高山茴香／尤加利／歐洲金盞花（Field marigold flowers）／旱金蓮／鼠尾草花／海蘆筍／琉璃苣／貓薄荷／馬鞭草花／秋海棠花／普通繁草／草莓菠菜／金魚草（Snapdragon）／山椒葉（Sansho leaf）／蒜苔（Garlic buds）／花蔥／風鈴草（Campanula）／芫荽花（〔cilantro〕flowers）

其他可用食材：草莓菠菜果實／紫色蒜花（garlic flowers）／俄羅斯鼠尾草（Russian sage）

花卉、香草以及其他幼芽 盛夏時期，在園圃及市場裡可以看到各式各樣，色彩繽紛且風味十足的植物。它們的風味濃淡與產地、栽種的土壤和吸收的水量等有關，所以用量需相應調整。嚐一嚐可幫助您判斷每樣植物與花卉的正確用量。

上桌前擺盤

鹽醃火腿 4 片，煎到有一點脆

各種形式的蔬菜：醃漬、爐烤、乳酸發酵等，共取 100 克出來混合均勻。這道菜的概念是多樣化的組合，把玩不同的質地、作法、形狀和顏色等。

使用大黃油醋醬幫蔬菜調味。放一點大麥汁和芝麻葉醬在盤子裡。接著加上一片香脆的鹽醃火腿薄片和發芽豆子，再疊上所有蔬菜，最後將花卉和充滿香氣的香草撒在「卡谷優」上裝飾，並點上風味油調味。先用眼睛欣賞，再享用！

Italy 義大利

賽巴提恩喜歡透過簡單、直截了當的義大利麵料理，向妻子薇若妮卡表達心意，因她的外祖父其實是從托斯卡尼區（義大利的一個大區），遠至法國西南部的礦坑工作。而賽巴提恩的最強之處就在於他可以在一盤新鮮義大利麵裡，將義大利和奧布拉克合而為一，譬如包了雞油菌、火腿、香草和亞麻色扁豆的義大利餛飩（Tortellini）；番紅花高湯裡的千層麵，在每層麵皮間夾了牛肝菌、拉奇歐樂起司和菠菜。2016 年，他用奧布拉克醬汁做的一道義大利麵，為他贏得了 French Omnivore Food Guide 的「年度創作者」頭銜。要品嚐這道佳餚，首先必須撕開用普拉尼耶亞麻色扁豆粉做的細緻薄紗，讓薄紗的面積延伸至整張盤子，底下會發現細碎的 pastre 香腸——有名的「一袋骨頭」香腸——還有滋味美妙的醃漬牛肝菌。這道菜同時歌頌兩種起司的結合——帕科里諾（pecorino）和陳年拉奇歐樂乳醬。

「這道菜是一個地區與一個國家的戀愛結晶，這兩地都喜愛簡單東西與真食物的滋味，」賽巴提恩說。「我喜歡生長在南義的小麥，玉米則是喜歡北義產的，能夠磨成義大利玉米粉（polenta）。」奧布拉克用不起眼和意想不到的方式，對義大利的日常美食做出貢獻。純種奧布拉克母牛生的小公牛，被送到邊境之外，做成「米蘭炸小牛肉排」（veal Milanese）還有無數的波隆那番茄肉醬。義大利人喜歡柔軟又全熟的牛肉，會選用 12 ～ 18 個月大的牛隻，而法國人則喜歡油花較多且生一點的牛肉，所以會選用成牛。

阿韋龍省的起司也很受義大利人歡迎，不只是在熟食店當成法國特產販售，它也是帕瑪森乳酪的表親。故事要說回 1970 年代，當時普利亞大區（義大利「靴型」地圖的南部）的人民，面臨了牛奶短缺的問題，所以他們向阿韋龍省以及鄰近省份的製造商求援，請他們製作很硬的起司。因此，便誕生了「老羅德茲」（Vieux Rodez）起司，它會在同名小鎮裡熟成 8 ～ 12 個月。這種起司在它的原產國並不出名——在 Le Suquet，有時會弄碎，放進夏季生「卡谷優」中——但在亞得里亞海岸，卻是非常熱門的一款。

2013 年聖誕節的前幾天，賽巴提恩在他的前員工——阿坎傑羅·蒂那里（Arcangelo Tinari）的邀請下，去了義大利（其他義大利同胞也將他們的活力帶到布拉斯的餐廳：西蒙·坎塔菲奧 [Simone Cantafio]——日本店的行政主廚；克勞蒂亞·德·弗拉特 [Claudia Del Frate]——Le Suquet 的甜點師）。賽巴提恩的目的地是位於羅馬東邊，阿布魯佐大區中，瓜爾迪亞格雷萊（Guardiagrele）裡的一個小鎮。周圍的區域是一片介於亞平寧山脈（Apennine Mountains）和亞德里亞海之間的類沙漠，是一塊貧窮，只能靠互相幫助，幾百年來被主要城市遺忘的地方，更慘的是，這裡經常有造成毀滅性破壞的地震。

阿坎傑羅·蒂那里的餐廳（在他之前是由他的雙親及祖父母經營）「Villa Maiella」有個座右銘：「料理能告訴我們賦予它特色的肥沃土地與古老文明。」賽巴提恩只有短暫停留，此行目的是研發一個平衡兩地文化的菜單：用來自阿布魯佐大區的香草、花卉與蔬菜做成的「卡谷優」、蒙特城堡（Castel del Monte）產的羊鞍肉，和南瓜與甘草冰淇淋。此區所產食材與奧布拉克的物產相當不同，但一樣有樸實具草根性的傳統料理：綿羊奶起司、ventricina di Teramo（一種紅香腸，可以壓碎抹在烤麵包片上）、燉豬肉（ndocca ndocca，把便宜的豬肉部位，加香草一起燉煮）。這個省份唯一比較端得上檯面的農產品是：番紅花，但是專供出口用，當地傳統料理不敢用它。

在義大利，美食是出於生存需求而產生的：窮人家只吃得到有錢人剩下來的一點點肉和魚。田邊最不起眼的香草被拔起來丟進鍋裡止飢。某些野菜能讓許多人填飽肚子，如蕪菁葉（cime di rapa，又稱「西洋菜花」），看起來更像綠色花椰菜，是義大利南部的常見食物。「窮人美食」（La cucina povera）就是由這些賴以活命的技巧，和許多代代相傳的秘方食譜發展出來的。眾多小撇步的其中之一告訴我們，可以用麵包粉屑和大蒜為底的便宜混合物來代替帕馬森起司，這讓人聯想到在 Le Suquet，把剩下的麵包昇華成美味食物的方式。「就使用不起眼的食材做出精緻佳餚這點來說，奧布拉克和阿布魯佐、義大利很相像。」賽巴提恩說。

泡煮 Pastre 香腸、
阿韋龍番紅花義大利麵
及陳年拉奇歐樂起司

Slowly poached pastre,
Aveyron saffron pasta and aged Laguiole cheese

賽巴提恩在一些義大利人加入他的工作團隊之前，從未做過義大利麵。這道義大利風菜色，用的是非常在地的鹽醃肉——pastre 香腸作為主食材，因其尺寸較大，pastre 需要比其他醃肉花更長的時間才能風乾，所以要等到最後才能吃，故得其名，意思是「看守者」（pastre 英譯為 keeper）[5]。

備料

Pastre 香腸（阿韋龍省北部用豬肋骨骨邊肉做的香腸）1 條／胡蘿蔔 50 克／洋蔥 50 克／韭蔥 50 克，只取蔥綠部分／自選香草適量	**Pastre 香腸** 這種醃肉非常鹹，所以「去鹹」的步驟很重要。把 Pastre 香腸放在醬汁鍋中，加水淹過。整鍋煮到冒小滾泡後，再文火煮 1 小時。瀝掉水分後，重複同樣的步驟 3～4 次。到了最後 1 小時，加入蔬菜和香草。用細的金屬探針檢查熟度，應該要很容易穿透。瀝乾保溫備用。
麵粉 150 克／雞蛋 60 克／鹽 1.5 克／番紅花花絲 0.5 克	**番紅花義大利麵麵團** 在桌上型攪拌機裝上麵團勾配件。倒入所有材料和 30 克的水，以低速攪打 10 分鐘。水量只是參考，實際需要的水量可能會因使用的麵粉種類而有些微的差異。您也可以手揉麵團。揉好的麵團用保鮮膜包起來，放入冰箱冷藏 24 小時。
去皮榛果 60 克／老羅德茲起司（阿韋龍省的起司）100 克，切大塊／大蒜 1 瓣／羅勒或越南香菜 100 克／第戎芥末醬（Dijon mustard）20 克／橄欖油 250 克／檸檬汁適量／鹽和現磨黑胡椒	**青醬** 將烤箱預熱至 150°C（300°F）。把榛果攤在烤盤上，鋪平，放入烤箱烤 10 分鐘到稍微轉為金黃色。將烤好的榛果、起司、大蒜、羅勒和芥末醬放入果汁機中，一邊攪打，一邊慢慢倒入橄欖油，直到整體質地像美乃滋為止。加入適量鹽、黑胡椒和檸檬汁調味。
小朵的牛肝菌 200 克／蘋果醋 150 克／葡萄籽油 150 克／大蒜 2 瓣／鹽和現磨黑胡椒	**牛肝菌** 用削皮器去除牛肝菌菌柄的皮，並用溼布擦去蕈菇上的所有泥土。將醋、油、大蒜、150 克的水倒入醬汁鍋中混合均勻，加上一些鹽和黑胡椒，煮成蔬菜高湯。湯水煮到小滾（不是滾沸的大泡泡）後，繼續滾 10 分鐘。投入牛肝菌，轉為文火煮 20 分鐘。移鍋熄火，讓牛肝菌泡在高湯裡一起放涼。
牛奶 300 克／寒天粉 3 克／拉奇歐樂起司 150 克，切成大方塊／奶油 50 克／現磨黑胡椒	**拉奇歐樂起司慕斯** 將牛奶和寒天粉倒入醬汁鍋煮滾後，再續滾 30 秒。加入起司，用手持調理棒把整體打勻。如有需要，可放回爐上，用小火稍微加熱，確保起司糊完全滑順無顆粒。起司糊過濾後，倒入虹吸氣壓瓶，隔水泡在 50°C（122°F）的水裡備用。

上桌前擺盤

嫩菠菜 80 克，摘去菜梗／奶油 20 克／豬草種籽（Hogweed seeds）[6]、秋海棠花和芫荽花與葉，裝飾用／現磨黑胡椒	挑出 4 片大的菠菜葉，置於一旁備用。把剩餘的菠菜放入煎鍋中，用奶油清炒。

番紅花麵團盡量擀薄，切出 4 個大約 6×20 公分（2½×8 吋）的長方形。大醬汁鍋裝滿鹽水後煮到小滾（不要滾沸翻騰，以免把麵皮煮破），將麵片放入水中，煮到彈牙。

在盤底抹一些青醬，接著放一片長方形麵片。將 pastre 香腸拆碎，與奶油菠菜和醋漬牛肝菌一起擺入盤中。最後疊上拉奇歐樂起司慕斯、預留的菠菜葉、花朵、香草，和一些黑胡椒。 |

5　譯註：看守一起風乾的其他種類香腸。

6　譯註：另一種名字極為相似的「巨型豬草」（Giant Hogweed）則有劇毒。

Bald money 高山茴香

高山茴香（Meum athamanticum）：一種屬於繖形科（Apiaceae family）的多年生草本植物。英文又稱為 spignel、meu 或 meum，以及其他許多俗名。它生長在奧布拉克，產季大約為 5 月中。高山茴香也具有藥用價值，可當消毒劑、鬆弛劑與食慾刺激劑。

今天是牧場裡的「高山茴香」日。需要 400 小枝，有經驗的廚師大概不到兩小時就能摘完了。一株植物上有 10 個以上頭狀花序（head），而這些非常小的簇絨（tuft），被小心翼翼地用裁縫剪刀，一次一簇慢慢剪下。這些簇絨被放進裝了清水的盆子，頭下莖上，排著整整齊齊。

採集時有需要遵守的技術與行為準則。用剪刀能夠乾淨俐落地剪下，這樣就可以避免植物在廚房裡受到過度觸摸，而且因為沒有連根拔除，所以植物可以再度生長。我們所採的東西只是大自然「借」給我們的，其他的規則就是一些常識：絕對不要採摘不熟悉或受到保育的物種，且不要把地皮上的植物拔個精光，要留下一些樣本。

廚師兼採集者帶著滿滿的籃子回到餐廳。籃子裡植物的顏色就像紅綠燈：黃的、紅的、橘的、綠的。賽巴提恩喜歡用這些帶著洋茴香香氣的小枝，來幫他的乳清奶油，或他與獨立藝術家里奧內爾·沙布利耶（Lionel Sabrié）合力創作的拉奇歐樂起司增添風味。有時他不用葉子而是取果實，放進鍋裡炸、磨成粉，和打成醬，之後再刷在魚或蔬菜上。

這種植物雖然只有在春天和夏天才會生長在奧布拉克高原，但在餐廳裡一年四季都可以看見它。自餐廳 1992 年開幕以來，高山茴香就是餐廳的標誌與主調，它被印在圍裙上，嵌在跨越用餐區狹窄室內水道上的走道上，也出現在菜單上。有些員工甚至會開玩笑：「把高山茴香從我們身上拿掉，也許可以作為罷工的理由！」這種植物其實也是卓越的象徵，證明奧布拉克擁有非常純淨的空氣，而布拉斯家族的料理也是如此地晶瑩剔透。「高山茴香是很敏感的草本植物，它只生長在未開發的土地上，絕對不能有任何殺蟲劑。」賽巴提恩解釋。「此外，就是因為有它，所以我們的生乳，才能有如此明確、濃郁又質樸的滋味，能把拉奇歐樂和康塔爾區分開來。」

除了高山茴香外，在奧布拉克還有超過 2,000 種不同的植物蓬勃成長著：事實上，這裡是歐洲最多元的棲地（biotope）之一。形狀與顏色不同的植物有：黃龍膽（yellow gentian）和春龍膽（spring gentian）。名字聽起來像樂器的植物：紫繁蔞（pimpernel）、秋色風鈴草（autumn bell flower）。還有一個的名字裡有「蕉」：大蕉（plantain）。或是有容易讓人誤會的名字：當地人稱為「奧布拉克茶」（thé d'Aubrac）的植物正是「紅邊水仙」（poet's narcissus），這種植物晚春時，在牧草地上看起來就像一片羽毛地毯，採收後經乾燥處理，就可以製成草本茶。

「米修和賽巴提恩告訴我們新的當地植物群大全，這些植物在二戰後，就鮮少有人重視。」安德烈·瓦拉迪耶（André Valadier）回憶（他是農夫，也是當地具影響力的人物）。安德烈生於 1933 年，「揚山」在 1960 年創立時，他是共同創辦人，現在則積極從事搶救高原，免於衰落的活動。「布拉斯的料理就是牧草地的料理，」他繼續說道。「牧草地是奧布拉克重生的起點，我們只靠固有的天然植物──沒有外部飼料，也不用外來種植物和合成商品來養殖奧布拉克的牛隻，或製造肉品或起司。只要人們用心維持這個平衡，牧草地一定可以給我們可再生的能源。」

這位保衛奧布拉克的鬥士指著環繞奧布拉克的山丘：「米修和賽巴提恩已經採取初步行動，著手保護、改進與分享這個地方，他們幫助人們重獲自信。Le Suquet 的成功是這個方法的縮影：這間飯店餐廳蓋在一塊無法供給動物食物的貧瘠土地上。我們以前稱之為『被拋棄的地方』（lou deleissat）。」他笑著說：「但布拉斯家族把這裡變成這個區域中，每公頃經濟價值最高的地方。更不用說此處所代表的學問與大氣。這對父子是我們當中，最先意識到不是所有價值都能用機械衡量的人，還存在我們需要用味覺、感官、情緒和美感去體會的無形價值，這就是他們透過『從牧草地到廚房』的作品來推動的理念。」

黑橄欖油煎萵筍，
與發酵柑橘

Celtuce browned in black olive oil
with lacto-fermented citrus fruits

萵筍在亞洲是一種非常普遍的蔬菜，但在西方卻相對罕見許多。米修和賽巴提恩與萵筍的「初相見」是在一次旅行中，而他們現在也在拉加代勒的園圃栽種這種蔬菜。萵筍需要特別的照料：太多日照會讓它有很多纖維；太多水分它又會變得水水爛爛的。這道菜中的高山茴香能添一點淡淡的洋茴香味，即使擺在味道濃重的焦糖化橄欖旁，也毫不遜色。

備料

柳橙 4 顆，洗淨
／檸檬 1 顆，洗淨
／粗鹽 150 克

乳酸發酵柑橘 在柳橙和檸檬上縱切 4 刀但不切斷，像是要切成四等分一樣，讓整顆水果依舊保持相連。往縫隙裡塞粗鹽，接著將柑橘水果、剩下的鹽和 1 公升的水，一起放入消毒過的寬口罐中。放冰箱 4 週，等待浸漬入味，中間一週一次，把罐子拿出來上下顛倒晃動一下。

雞蛋 1 顆／橄欖油 100 克／鹽

橄欖油乳醬 醬汁鍋裝滿水後煮沸，放入雞蛋煮 6 分鐘。用冷水沖涼後，剝去蛋殼。

把雞蛋和 40 克的水放入果汁機中，邊攪打邊慢慢倒入橄欖油，就像在製作美乃滋一樣。加鹽調味後，置於一旁備用。

去核希臘式黑橄欖 50 克
／橄欖油 100 克

黑橄欖油 將烤箱預熱至 80°C（175°F）。大醬汁鍋裝滿水後煮沸，放入橄欖汆燙 3 分鐘，撈起泡冷水冷卻。橄欖瀝乾後，放到烤盤上，放入烤箱乾燥一晚，直到變成非常脆。細細切末，並預留一些擺盤時使用。將其餘橄欖末放到果汁機中，和橄欖油一起攪打均勻，置於一旁備用。

萵筍 4 根

萵筍 切除萵筍的頭部，保留裡層的葉子，擺盤時使用。用削皮刀除去外層老皮。取一把刀片繃緊的削皮器，削掉剩下的粗纖維。大醬汁鍋裝滿水後煮沸，放入萵筍汆燙 6 分鐘左右，或直到軟化。汆燙時間會因萵筍的尺寸和成熟度而異。放涼後置於一旁備用。

上桌前擺盤

橄欖油，做醬汁用
／旱金蓮的花和葉子適量
／聖羅勒葉（Holy basil leaves）
適量／紫羅勒葉適量
／高山茴香葉適量
／鹽和現磨黑胡椒

瀝出乳酸發酵柑橘。用尖銳的刀子，小心把果肉和果皮分開。把果皮切成薄片。

將萵筍放入煎鍋中，用黑橄欖油小火煎 5 分鐘。要避免上色太深，否則會變苦。

放一些橄欖乳醬在盤底，接著把萵筍排在旁邊。用柑橘皮幫萵筍調味後，再擺上預留，並另外用鹽、黑胡椒和橄欖油加以調味過的萵筍裡層葉子。

最後飾以一小撮橄欖乾末、些許旱金蓮的花與葉、羅勒葉和高山茴香葉。

NOTE ── 乳酸發酵柑橘很常見於北非料理。賽巴提恩從多次去摩洛哥旅遊的經驗中，逐漸喜歡上它。

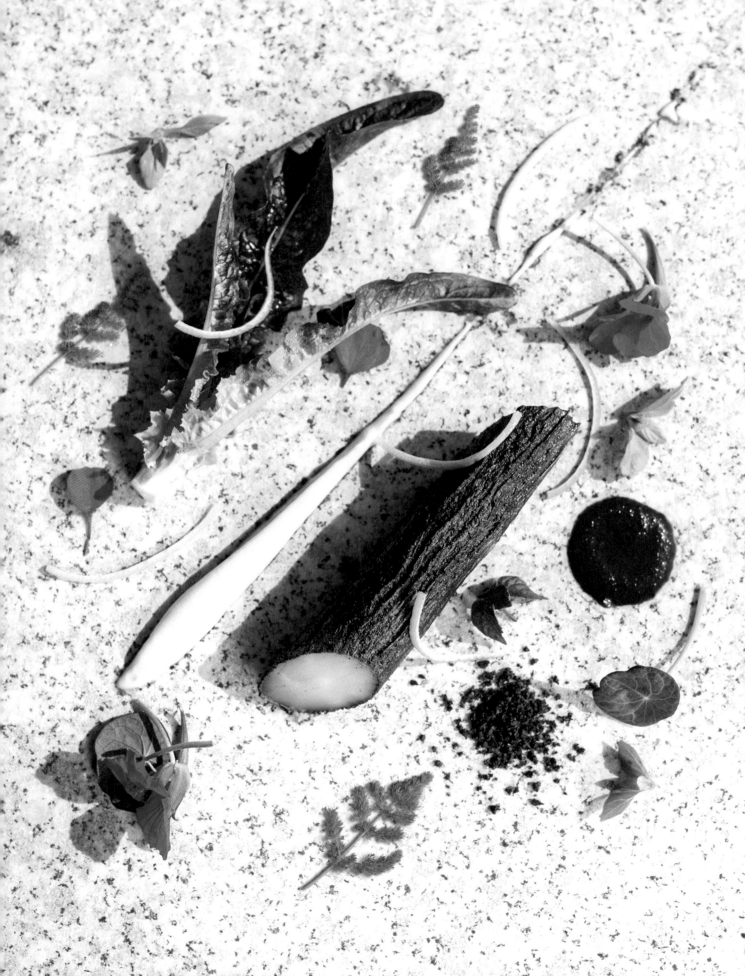

Rodez market 羅德茲市場

雖然人們互道「早安」，但太陽其實仍未升起。現在是星期三清晨 5 點，羅德茲市場也才剛要開始營業。賽巴提恩和他的主廚瑞吉斯，從蘇給之丘開了一個小時的車，來到阿韋龍省的首都。在主廣場上，大家都壓低音量，以免把當地居民吵醒。「給我看看你的香草！」裝在小花盆裡的數百種香草堆疊在一起，當天的香草超棒，上面好像還黏著草和露珠，空氣中瞬間充滿著葉綠素。賽巴提恩用他的手機照亮貨箱，但也仰賴自己的嗅覺。其他人則是帶了頭燈來。

清晨 5 點 30 分，是大廚們買菜的時候——夏天市場會早一個小時開始營業。並不是每個人都能買到這些品質極佳的嫩葉小枝和幼芽。「賽巴，你先，別客氣！」他的大廚同業從各個省份而來，有的甚至是從更遠的外地來的，都充滿敬意地站到旁邊。以前，他們常說：「米修，你先請！」市場裡的人都知道他們布拉斯家族需要什麼。「他們從 1980 年代開始，就常向我們訂特別的東西。」果菜攤商伯納德‧胡阿爾德斯（Bernard Roualdès）解釋，他和妻子勞倫斯（Laurence）一起在洛特河（Lot）河邊的阿格列斯港（Port d'Agrès）工作。「米修以前需要特定東西時，例如迷你蕪菁、荷蘭豆或帶花的迷你飛碟瓜，就會來找我父親。他常訂購一般人忽略的蔬菜，碰巧那時我父親也喜歡嘗試其他人不常種的東西，如大白菜或魚翅瓜（spaghetti squash，也稱為『金絲瓜』）。」在他們打造拉加代勒的園圃之前，布拉斯父子常常委託胡阿爾德斯父子，幫他們栽種旅行所帶回來的不知名種籽和根莖。皇宮菜（學名為 Basella）就是其中一種在此落地生根的植物。

「我們崇尚一種農法，尊重土壤、氣候和環境，」市場的園藝工人解釋，他們在 4.5 公頃（11 英畝）的土地上進行小規模耕作。「使用化學藥品的時代已經過去了。大自然最後一定會擊退人類強行加在它身上的人造產品，這樣就會產生愈來愈具抗藥性的疾病風險。」賽巴提恩點點頭，一邊完成「挑揀」香草的工作。現在的賽巴提恩，已經變成一位「綠手指」了。

市場仍是一片漆黑，閒聊有助於讓腦袋清醒。「禮拜六的時候，我煮了（法式）濃湯。」某個廚師說。一位果菜攤商假裝驚訝地說：「用塔恩峽（Gorges du Tarn）的小螯蝦（langoustine）煮的嗎？」有天早上，在其中一段簡短的交流中，瑞吉斯遇到一位新的市場果菜攤商亞尼克‧哥倫比耶（Yannick Colombié），這人和瑞吉斯一樣，也養了隻巴吉度獵犬（basset hound）。他們的對話從馴服這些耳朵像兔子的狗狗有多有趣開始，然後瑞吉斯趁機看了一下他的商品：「你有哪些水果？」賽巴提恩也靠了過來，亞尼克賣給他們一盤櫻桃。下一週，他在同樣時間、同樣地點發現賽巴提恩和瑞吉斯，然後賣給他們兩盤。再隔一週，則是三盤。然後又過了一個禮拜，增加到四盤。這位生產者跟他的父親回報說：「我找到真心喜歡櫻桃的客人了！」然後沒多久他就發現自己種的作物是要供餐廳使用，因為抱著感恩之心的賽巴提恩很快就把他介紹給其他餐廳。

亞尼克的水果種在穆瓦薩克（Moissac）附近，位於利札克（Lizac）的肥沃土地上。同樣地這裡也不使用任何工業用化學物品，而是將樹包了兩層蚊帳和（防水）油布來防止昆蟲叮咬。「遠遠看，像是集約農業（intensive farming）[7]，但事實上完全相反！」亞尼克解釋。「我們回到過去奶奶時代的做法：品質很好且完熟的水果，無論它們的外表或尺寸大小！」

當四周還是籠罩在黑幕之下時，位於紅色大教堂底部的羅德茲市場已經在一杯咖啡中要收攤了。在 1980 年代以前，客人和攤商會在玻璃杯裡倒滿白酒，在盤子裡裝「填餡小牛肚」（falette）。賽巴提恩還記得以前他們會在回家途中，停在家族世交——羅亞克先生（Monsieur Raulhac）開的「埃斯帕利翁現代飯店」（Hotel Moderne d'Espalion），喝一大碗熱巧克力。「接著，我父親就會繼續開著他的雪鐵龍 C15，載著車頂架上掛著的一箱箱貨物，然後我在回拉奇歐樂的 20 分鐘車程就睡著了。」

現在，賽巴提恩是在羅德茲，面對著市場喝杯黑咖啡。剛剛還在爭著買新鮮香草的餐廳老闆們，現在像老同事一樣在這裡碰面。「你好嗎？」「最近忙不忙？」大家利用不到 15 分鐘的時間聊聊小村落裡發生的事。賽巴提恩告訴他們一些「山中」家裡的新鮮事，然後起身，道別，確認買的東西有沒有裝好——是放在廂型車的後車廂，不是車頂——接著開車回到餐廳，和他的廚師們在早上 8 點一起喝咖啡。

---

7   指一類在單位土地面積中大量投入資源，以求獲取大量產出的農業活動。

綠／生產者／羅德茲市場

　　　　　　　　　　　　　　　　　　　黎明時・在羅德茲市場挑菜

烤白花椰菜、烤杏桃，
佐杏桃酸辣醬及越南香菜粗粉

Whole roasted cauliflower and roasted apricots
with tangy apricot chutney and Vietnamese coriander semolina

勞倫特·吉內斯特（Laurent Ginestet）賣的白花椰菜是羅德茲市場的經典產品之一。白花椰菜有特殊的味道，所以需要搭配能夠襯托它或抵銷它的東西。在這道菜，杏桃增添了酸爽，而越南香菜則帶來強勁的香氣。

備料

白洋蔥 40 克，切碎／杏桃 200 克，去掉硬核後切碎／奧良醋（Orleans vinegar，一種「紅酒醋」）36 克／奶油 15 克／細砂糖 8 克／鹽 1 小撮／艾斯佩雷辣椒粉（或其他您喜歡的辣椒粉）1 小撮／橄欖油，烹煮洋蔥用

杏桃酸辣醬（APRICOT CHUTNEY） 在醬汁鍋中，用小火熱一點橄欖油。放入洋蔥，炒至出水變軟。加入杏桃，煮 5 分鐘，倒醋刮起鍋底精華，接著加奶油、糖和鹽，繼續煮到折射度計顯示 42°Bx，或已經沒有液體，呈現果醬狀後，撒一點點辣椒粉調味，置於一旁備用。

杏桃 4 顆，切半並去核／奶油 10 克／百里香 1 枝／奧布拉克花蜜 15 克／鹽和現磨黑胡椒

烤杏桃 將烤箱預熱至 140°C（275°F）。把切半的杏桃放到烤盤，切面朝上並點上切成小丁的奶油。放入百里香和蜂蜜，撒點鹽與黑胡椒調味。

放入烤箱烤 5～10 分鐘，直到杏桃皺縮，且微微上色（加熱時間會因杏桃品種與成熟度而異）。取出，置於一旁備用。

小型白花椰菜 4 顆／奶油 100 克，融化備用／鹽

白花椰菜 將烤箱預熱至 180°C（350°F）。把花椰菜的粗梗切掉，留著做「白花椰菜粗粉」，但要小心保留花冠部分的完整。大醬汁鍋裡裝滿鹽水後煮沸，放入整顆花椰菜頭部（花冠）稍微汆燙 2 分鐘左右，撈起泡進冰塊水冷卻。把白花椰菜放到烤盤上，刷上融化的奶油。放入烤箱烤 10 分鐘，中途偶爾舀起底部的奶油，淋到花椰菜上。時間到後取出，白花椰菜應該要保留一點脆度。

預留的白花椰菜粗梗 180 克／乾燥黑檸檬（dried black lemon）14 克／越南香菜 4 克／檸檬汁 6 克／橄欖油 20 克／馬可那杏仁（Marcona almonds）25 克／杏桃核仁（apricot kernels；詳見此頁 NOTE）8 顆／鹽和現磨黑胡椒

白花椰菜粗粉 用 Microplane 刨刀將白花葉菜粗梗刨成粉。

取下黑檸檬的皮屑。將皮屑和越南香菜、檸檬汁、橄欖油、鹽和黑胡椒混合均勻。將杏仁與杏桃核仁切末。

綿羊奶優格 125 克／檸檬醋（lemon vinegar）10 克／李子核仁油（plum kernel oil）20 克／蔬菜高湯適量（可省略）／鹽

綿羊奶優格霜 將優格和檸檬醋放入碗中，用打蛋器攪拌均勻，接著倒入李子核仁油，繼續攪拌至滑順。如有需要，可加一點蔬菜高湯稀釋。以適量鹽巴調味。

上桌前擺盤

杏仁油適量

將白花椰菜粗粉與切末的杏仁和杏桃核仁拌勻。抹一些杏桃酸辣醬在盤中，再把整顆烤白花椰菜放在醬上。淋點杏仁油調味。接著添上少許白花椰菜粗粉和綿羊奶優格霜。最後以烤杏桃收尾。

NOTE —— 將杏桃中間硬核取出時，用料理夾把硬核打開，取出裡頭的核仁。把取出的核仁放入滾水中汆燙清潔，接著泡進檸檬水中，避免氧化。不能吃太多，大量食用有可能會中毒。

請熟識的菜販幫您預留小一點的白花椰菜，這樣才能整顆烹調。

乾燥黑檸檬可在有機超市或網路商店取得。

The team 工作團隊

現在這裡不是廚房，而是一個唱詩班：25 名廚師，幾乎異口同聲地大喊「早安」。任何從用餐區走到後面工作區的人——無論是用餐者、客人、廠商或早上來上班的工作人員——都能得到這樣的歡迎。同樣地，當他們從 4、5 個玻璃門中的其中一個離開時，也會聽到高亢的「再會」歡送他們。布拉斯大家族還很擅於記下每位訪客的名字（且他們認為有必要這麼做）。他們很鼓勵廚師們說出「早安，胡女士」或「再會，保羅」，即便他們與這些客人只有一面之緣，之後也不會再見到他們。在 Le Suquet，客人不是經過的影子，而廚師也不僅僅是小卒——他們不是可以隨便交換的「士兵」，所以賽巴提恩沒辦法把烹飪界常見的軍隊編制體系套用在他的廚房裡，且他也絕對不會自稱「大廚」（chef）。「賽巴提恩，那樣就好了！」他也沒有因為身為廚房的領導者而提高音量，事實上，他比廚房裡的任何人都還要輕聲細語。他的要求或命令——都是出於必要——會得到一聲「是」，或在晚上 10 點之後，當大家都累了，就會是一聲拉長的「好喔」，但從來不會是「是，大廚。」即便是在最繁忙的用餐高峰期，餐廳裡的工作節奏與氣氛也絕不是一片戰場。

「平心靜氣與尊重，」賽巴提恩總結。「如果我們要給客人他們應得的關注，就應該從照顧工作團隊的男男女女開始，無論是長期員工或短期契約工都一樣。這種關懷不應該是因為想要讓大家在工作時繃緊神經（正向專注），或以追求完美為藉口而省略。認真工作必須從注意眾人的幸福開始。Le Suquet 從 1990 年代開始就很注意這點，雖然這在當時的美食餐廳（gourmet restaurant）非常罕見，但這麼做才對。」員工因為才能和對工作的熱愛，被延攬進團隊，但他們的人格特質與人際關係也是考量的重點。賽巴提恩會提前一年把團隊組織起來，且從不會登廣告找大廚；他傾向靠人推薦——口耳相傳之美。

這些廚師大多很年輕，來這裡是為了學習、增長見聞、犯錯、改善與精進，未來也許他們會有自己的餐廳。他們也是來這裡體會一個與眾不同的區域、獨一無二的料理和某種特定的哲學。他們在用餐時間工作時，會戴廚師高帽，穿上領子上漿、硬挺的廚師服；早晨則是戴上草綠的貝蕾帽和成套的圍裙。

他們慢慢適應布拉斯之家的工作方式與習慣，早上到菜園和牧草地採摘，再到蔬菜區工作——獨立的蔬菜區在一般餐廳並不常見，通常只會在冷盤區桌子外加一塊板子。傳統餐廳的分區為：肉類／魚類、冷盤（負責蔬菜分類、清洗與切整，以及製作冷前菜）和西點麵包。賽巴提恩開玩笑說：「他們來的時候是廚師，離開的時候已經變成植物學家！」

工作團隊在休息日時戴的不是廚師高帽，也不是貝蕾帽，而是有著 Bras KC 字樣的棒球帽，他們會在特呂耶爾河（Truyère）河畔打法式滾球（pétanque）或划獨木舟。Bras KC 這個非營利組織成立於 1993 年，把在用餐區、廚房、飯店以及行政組的員工集結起來，讓大家有機會能夠認識彼此。像這樣的康樂活動，一年會舉辦好幾次，從四月在拉奇歐樂村公所拉開序幕，到十月於普拉久勒莊園（Plageoles estate，請參考第 226 頁）參加豐收活動暫告一段落。Bras KC 也參與了下坡山地自行車運動、在牧民小徑上的越野賽跑、造訪位於羅德茲的「蘇拉吉博物館」（Musée Soulages），以及一些當地重要盛事──競賽、舞會和慈善晚宴──既能認識人，也能貢獻己力。他們對烹飪的熱情從未消減：為了好玩，他們有時會每個人煮一道家鄉的特色菜。「布拉斯之家」的經理們聲稱他們到現在都還記得那些出色的壽司、可麗餅和北非小米「庫斯庫斯」的滋味：「那是我們吃過最好吃的。」

在不同的時間、星期與地點，廚師隊也會變成足球隊。拉奇歐樂的消防員記得他們在千禧年一開始時，曾有過幾場很激烈的友誼賽。「員工們無論是在廚房，還是參加 Bras KC 的活動，都有很強的歸屬感，我們就像一個小家庭，」賽巴提恩說。「在這裡，工作不是要把人孤立，而是要將他們聚集起來。我們在工作上的好表現是因為我們很喜歡和彼此在一起，反之亦然。」2017 年，米修 70 歲大壽的慶祝活動就是一個機會，讓好幾十位「老前輩」能重新聚在一起。早餐他們吃了「特里普」（tripous，一道用小牛肉和火腿做的菜），午餐則是烤豬肉和「亞里戈」，到了晚上，則是好好享受剩菜。有些人專程從西班牙，甚至是巴西前來。其中有一位即使自己的餐廳隔天就要在北法開幕，也堅持一定要到場慶祝這個特別的日子。結束後，他再連夜開 700 公里（435 英里）的夜車回去。彷彿什麼都沒有改變，但一切就是不一樣了，每個人都很開心，無論他們之前是在 Lou Mazuc 還是 Le Suquet 服務，也無論他們工作多久和對餐廳／旅館有什麼貢獻──是正式員工、特殊季節的臨時工或實習生──對於所有人來說，那都是一段會讓人情緒波動的時光。

營業前的廚房簡報

烤鴨胸，佐越南香菜、羽衣甘藍葉和海甘藍

Roasted duck breast with Vietnamese coriander, kale leaves
and Lagardelle sea kale

多年來，有許多不同國籍的年輕廚師曾在 Le Suquet 的廚房裡工作過。餐廳有個傳統——在他們停留的期間，做一道能展現自己家鄉特色的料理。賽巴提恩記得巴布羅（Pablo）做的墨西哥香料混醬（Mexican mole）有多美味。

備料

穆拉托乾辣椒（mulato chilli）20 克／帕西亞乾辣椒（pasilla chilli）15 克／安丘乾辣椒（ancho chilli）25 克／沒有特殊味道的油 300 克／新鮮麵包屑 25 克／番茄 1.5 公斤，去皮後切半／洋蔥 90 克，切半／大蒜 4 克／杏仁 20 克／南瓜籽 10 克／芝麻 20 克／綠洋茴香（green aniseed）3 克／肉桂棒 2 克／丁香 2 顆／黑胡椒原粒 3 克／葡萄乾 15 克／黑巧克力（可可固質 85%）35 克，磨碎／鹽 1 小撮

香料混醬基底 將烤箱預熱至 180°C（350°F）。把所有辣椒縱切成兩半，去掉辣椒籽。在煎鍋中加熱 150 克的油，接著放入辣椒炸幾秒鐘，再泡入熱水 2 分鐘軟化。把炸過辣椒的油留下來備用。在煎鍋中，用剩下的油炸麵包粉。用燒熱的炭火烤架烤番茄、洋蔥和大蒜，共烤 3 分鐘。

將杏仁、南瓜籽、芝麻、洋茴香和肉桂棒放在鋪了防油紙（蠟紙）的烤盤上，接著放進烤箱烘烤。取出放涼後，加入丁香和黑胡椒原粒。用磨豆機磨成粉。

使用食物調理機將葡萄乾、辣椒、烤過的蕃茄、洋蔥、大蒜和堅果種籽粉打勻。

在煎鍋中，用少許炸過辣椒的油炒打好的醬。放入磨碎的巧克力和鹽，攪拌均勻。完成後置於一旁備用。

綠頭鴨 4 隻

綠頭鴨（MALLARD） 綠頭鴨清修後，把鴨腿從鴨身上拆下。取下鴨腿肉，置於一旁備用。保留拆完肉的鴨腿骨。

把帶骨鴨身（mallard crown）[8] 放在烤盤上，用非常燙的水淋鴨皮。重複同樣的步驟 5～6 次。這樣比較容易逼出鴨油，讓皮更脆。

豬頸肉 120 克／預留的綠頭鴨鴨腿肉 120 克／雞肝 180 克，仔細清過血管筋膜／雞心 60 克，仔細清過血管筋膜／大蒜 10 克，汆燙後切末／芝麻葉 40 克，汆燙後切碎／酸種麵包 80 克，泡水後擰乾，再切碎／鹽 3 克／細砂糖 5 克／月桂葉 1 片／蜜李利口酒 20 克／切末的巴西利適量／白胡椒和現磨肉豆蔻適量

綠頭鴨腿填料 將烤箱預熱至 140°C（275°F）。絞肉機調整為中刻度，將豬頸肉、鴨腿肉、雞肝和雞心放入機器絞碎。把大蒜、芝麻葉和麵包放入內臟絞肉中，拌勻。加鹽、糖、月桂葉和蜜李利口酒，再以巴西利、白胡椒和肉豆蔻調味。充分攪拌均勻後，封上保鮮膜，放入冰箱讓它稍微變硬。冰過後，用一張防油紙（蠟紙）把填料捲成直徑 6～7 公分（約 2½ 吋）的圓柱狀。兩端用繩子綁緊後，放入烤箱烤 45 分鐘。

奶油 30 克／預留的鴨腿骨邊料 150 克／洋蔥 60 克，切薄片／大蒜 20 克，切薄片／法式清雞湯 200 克（chicken consommé，作法請參考第 224 頁，但把牛肉換成雞架子）

綠頭鴨肉汁 在煎鍋中，把奶油燒熱，接著放入鴨骨煎到全都上色。放入洋蔥和大蒜煎至金黃。倒入法式清雞湯，用文火煮 20 分鐘。慢慢收汁至糖漿狀。洋蔥和大蒜可以留在肉汁中，或過濾出來。可視需要，將油脂撇掉。接著將肉汁倒入醬汁鍋中，再將香料混醬基底倒進來一起拌勻，放到爐上用小火溫熱 2 分鐘。

上桌前擺盤

奶油 20 克／羽衣甘藍嫩葉 4 片／歐洲海甘藍葉 12 片／小型「Rocambole」洋蔥 4～6 顆，切半／黑莓和黑醋栗適量／越南香菜葉 4 片／山椒帶葉小枝 4 枝／橄欖油，炒菜用

將烤箱預熱至 130°C（265°F）。在煎鍋中，用中火融化奶油，把帶骨鴨身各個面都煎上色，需煎到鴨皮呈現金黃色。接著將鴨子放入烤箱先烤 10～15 分鐘，再將烤箱溫度調低至 80°C（175°F）：要烤到一分熟。將鴨肉靜置 10 分鐘。

在醬汁鍋中淋一點橄欖油、幾滴水拌炒羽衣甘藍、海甘藍葉。起鍋前一刻放入洋蔥和莓果。

把一抹香料混醬塗在盤底，上頭疊放綠頭鴨肉和切成寬度 7 公釐（¼ 吋）片狀的烤填料。加上羽衣甘藍、海甘藍、洋蔥和莓果。最後以越南香菜葉和山椒帶葉小枝點綴。

NOTE ——香料混醬可以放 1～2 個月不會壞，所以值得一次多做一點。

8　譯註：duck crown 指的是已經拆掉鴨腿、下半部脊骨，和鴨翅翅中與翅尖的帶骨鴨身。

Full speed ahead 全速前進

賽道沿著風景展開，每跨一步，身體就會感受到地勢的高低，與它產生共鳴。地面滿布青草和幼嫩的花朵，讓人感覺溫和又柔軟，但地上的坑洞與石頭卻著實對膝蓋是個折磨。震動隨著腳底板一路往上傳到腿筋，但腿上的壓力襪套幾乎無法減震。要在這裡跑步，就必須做好萬全準備。

賽巴提恩因為越野賽跑而暫停營業。他答應如果 Bras KC 中的廚師、服務生和同事至少有 30 名報名參加越野賽跑「Trail en Aubrac」的話，他就會報名這個活動。所以，在總共 2,500 名的參賽者中，有 30 位來自 Bras KC。他們之前已經一起參加過馬拉松，包括 2011 年超盛大的紐約馬拉松，目的是慶祝米修的 65 歲生日和賽巴提恩的 40 歲生日。和馬拉松相比，越野賽跑的賽道既野外又原始，沒有平整的柏油路，只有小徑。賽巴提恩會投身參加這場特殊的賽事，是因為他想「體會和道路合而為一的感覺」。他的目標是享受各種氣味、景觀、他人的陪伴和自己卯足全力的感覺。換句話說，就是盡自己最大的努力，看能跑多遠是多遠，這也表示要慢慢跑。

他已經參加過好幾次這個越野賽跑，而且為了能夠完全發揮，也訓練了好幾個月。體能準備包括騎自行車、滑雪，甚至是和 Bras KC 的成員或朋友進行羽球賽和足球賽。「我還很小的時候，常做的運動有柔道、手球和排球，」他說。「我連續 10 年參加滑雪比賽。中學的時候，是班上體育最好的。我很喜歡把自己逼到極限、掌握如何改善疼痛的方式，在各種細節上更精進，這和跟朋友一起同樂一樣，能讓我開心。20 幾歲的時候，因為膝蓋出了問題，所以我必須停止一切運動。後來我又重新開始運動，可能是不睡午覺，在高原上騎登山越野車 1 小時，或是跳過週五的晚餐，去打場羽毛球。」

根據舉辦的年份，越野賽跑的起點會是拉奇歐樂或納斯比納勒（Nasbinals）。太陽和跑者同時爬上山頭。一年一度，這片綠色的荒漠，因為為數眾多的男男女女而有了生氣。廣大的土地上站滿了人，小徑很窄，有的甚至是藏在草底下，肉眼無法看見（一大片綠油油的草地，是沿路牛隻的食物）。有時，腳會因為踩到落葉而打滑，或陷入「薩爾希恩斯湖」（Lake Salhiens）旁的泥煤裡，那裡是水獺和白爪螯蝦（white-clawed crayfish）的樂園。賽程中還需要穿過幾條小溪，而溪水會讓鞋子變重。

艾戈斯的「布隆」（Buron de Los Egos）、彭杜盧的「布隆」（buron du Pendouliou）和蒙托齊耶的「布隆」（buron de Montorzier）：賽巴提恩總會好好想一想曾經住在這些石造建築裡頭的牧民——5 或 6 個牧民分住一間，一年中有 4 個月會住在這，他們會在地窖裡做起司，在閣樓睡覺。「白天，牧民會把獸群趕到很遠的地方，晚上再把牠們聚集起來，在居所附近也有幾叢草可供動物食用。當地人記得一首由牧民馬塞爾‧拉科斯特（Marcel Lacoste）寫的詩，這首詩的法文原文是一首藏頭詩，每行的第一個字母合起來就是 buron（布隆），強調致敬之意：

> **質樸地蓋在牧草地中央的，**
> **是一棟傲視四周的「布隆」，儘管它的石牆上有裂縫，**
> **但在裡頭的角落，有最優質的起司。**
> **喔～這個地方看起來好慘，四周一片光禿禿！**
> **但不要小看它；它曾是我的天堂！**

賽巴提恩曾經設計過一套「牧草地之曲」，裡頭有酸味水果（覆盆莓和黑莓）組合而成的金字塔、野生植物、穀類（煎義大利玉米糕和壓碎的小麥），和多種奶製品（凝乳、起司等）搭配禽肉、炸芥末麵包和孔普雷尼亞克松露。這是他以料理傳達支持牧民工作成果的方式，雖然現在牧民的數量比以前少很多，但在高原上還是可看到他們的蹤跡，和他們趕著獸群的畫面繼續譜出高原風情。

豬里肌煎餃，
佐酸胡蘿蔔汁與山茼蒿

Fried pork-loin gyoza with tangy carrot jus
and chrysanthemums

賽巴提恩第一次嚐到日式煎餃（由中式餃子演變而來），是初次去日本旅行的時候——他一吃就愛上！他的版本營養均衡，又包含許多種穀物，非常適合運動員食用。

備料

麵粉 200 克／鹽	**煎餃皮麵團** 把麵粉過篩到碗中，倒入 150 克滾水，加入適量鹽調味後，混合均勻。等麵團變微溫後，手揉 5 分鐘，直到非常光滑。靜置於室溫中 1 小時。
牛奶 240 克／奶油 50 克／磨成細粉的燕麥 60 克／豬里肌肉 100 克，切成細丁／紅蔥 40 克，切碎／蛋 1 顆，把蛋黃和蛋白分開／切碎的現摘香草適量／葵花油，煎製用／紅酒醋適量／鹽和現磨黑胡椒	**餡料** 把牛奶和奶油放入醬汁鍋中，開中火加熱。煮滾後，移鍋熄火，倒入燕麥細粉浸泡 30 分鐘至膨脹。 倒一點油到煎鍋中，開中火煎封豬里肌肉，大概煎 3 分鐘，或到均勻上色。放入紅蔥，炒 1 分鐘至透明。把炒好的紅蔥肉丁倒到砧板上，再切細碎一點。切好的肉餡與蛋黃一起放入碗中，先混合後，再倒入蛋白和香草拌勻。加適量鹽、黑胡椒與少許醋調味。
胡蘿蔔 2 公斤，去皮後切大塊／八角 1 顆	**胡蘿蔔糊** 將胡蘿蔔榨汁。榨好的胡蘿蔔汁倒入醬汁鍋中，放入八角，一起煮到冒小滾泡。用扁濾網撈起浮到表面的大量固體（胡蘿蔔糊），置於一旁備用。底下的汁水也保留。
白巴薩米克醋 30 克／預留的胡蘿蔔汁 50 克／第戎芥末醬 20 克／葡萄籽油 100 克／鹽和現磨黑胡椒	**胡蘿蔔油醋醬** 將醋、胡蘿蔔汁和芥末醬混合均勻。加入適量鹽和黑胡椒調味。一邊用打蛋器攪拌，一邊慢慢倒入葡萄籽油。置於一旁備用。
蛋白 1 顆／裸麥片 30 克／鹽	**裸麥脆片** 將烤箱預熱至 80°C（175°F）。蛋白倒入碗中，先用叉子打散，再拌入裸麥片。加適量鹽調味後，將裹了蛋白的裸麥片，放入 4 個直徑 3 公分（1¼ 吋）的小矽膠球中滾圓。放入烤箱乾燥 30 分鐘，直到變脆。
	包餃子 將麵團盡量擀薄——要薄到可以透光。用直徑 9 公分（3½ 吋）的餅乾模，切出 20 片圓形的餃子皮。 把 20 克餡料放在一張餃子皮中央。餃子皮邊邊抹一點水後，取另一張餃子皮蓋上。將兩張皮壓緊，盡量擠出空氣。重複同樣的步驟，直到餃子皮用完。

上桌前擺盤

歐洲海甘藍葉 4 片／山茼蒿葉 8 片／肥鴨肝油，煎餃子用	在煎鍋中，用一點點肥鴨肝油煎餃子。底部金黃後，翻面，淋幾湯匙水，加蓋，再煎 2 分鐘。完成後，置於一旁備用。 取 2 大匙胡蘿蔔油醋醬放到盤中。上面擺煎好的餃子。加 1 小匙胡蘿蔔糊，1 片歐洲海甘藍葉和 2 片山茼蒿葉，最後再以裸麥脆片收尾。

Le Suquet 附近的一條小溪

YELLOW 黃

像是撒哈拉的純沙沙漠和阿特拉斯山脈（Atlas Mountains）的岩漠，賽巴提恩曾為了尋

找他心中的綠洲，在這些地方行走與騎自行車；像是奧布拉克山中溪流飛濺時，映射

出的閃閃光影；也像薇若妮卡的金髮瀏海，賽巴提恩與薇若妮卡初次見面是在校車上，

這位女子日後成為他的妻子，孩子的母親，以及他在 Le Suquet 的永久夥伴。而賓客們，

享受著日光的美好，直到用餐時，夕陽灑落在杯盤之間，也灑落在周遭山丘間；就像咖

哩霜岩漿蛋糕，裡頭加了甜甜的香料，當蛋白霜外殼裂開時，就會傳出陣陣香氣；也

像賽巴提恩的「招牌」甜點——用手指抓著吃的「馬鈴薯鬆餅」，內餡是清爽蓬鬆的

奶霜和一條條的焦糖，這是為了紀念記憶中的拉丁美洲波浪狀屋頂而產生的作品。

Blonde 金髮女郎

我們笑著，喝著。
而我們身上的傷痛都會過去，
它們不會留下記憶與生命。
為了生存，
要知道人生中的每一瞬間都是一道金色日光，
映在黑暗的海上，
知道如何說感謝。

薇若妮卡用詩人程抱一（François Cheng）的四行詩來結束她在 Le Suquet 新一年度開幕式的感言。她喜歡留給新團隊——已經準備好要讓飯店餐廳恢復營業——這些點滴感想。站在透著奧布拉克陽光的偌大用餐區窗戶前，賽巴提恩提醒大家：「如果你們來這裡只是想知道每一道菜的食譜，我們可以把它寫在紙上交給你，然後你就可以回家了。你們在這裡會學到的是其他東西……」

「我希望我們的餐廳是體貼周到，有禮貌但不突兀的，」薇若妮卡補充。「大家要一起展現團結與謙遜的工作態度。一步一腳印，踏實用心地工作。重要的不是自己發光，而是成為可以信賴的對象。」薇若妮卡加了最後兩個關鍵詞，這兩個詞常常出現在客人離開後，寫給他們的信中：「和諧」與「真誠」。講完她想講的話之後，薇若妮卡把她的引導用語「低調慎重但有存在感」套用在自己身上，讓年輕侍者回去繼續工作，自己則是從遠處觀察，而非時時刻刻現身盯場。

這就好像看著音樂盒上，因她旋緊發條而轉動的旋轉木馬一樣。她在這間房子裡呼吸盡可能地輕又穩定，如同房子反饋在她身上的一樣。雖然她對這棟房子付出許多心力，但為了避免影響整個事業發展，她還是拒絕和丈夫共同持有所有權。賽巴提恩能體會這種成功卻不張揚的感覺，而他也試著讓薇若妮卡得到更多公眾的關注。他想表達的是：「如果我是寫這本故事的墨水，薇若妮卡就是筆。」

薇若妮卡傳達給團隊的訊息每年都不同，要視她最近的閱讀、吸引她注意力的東西和當時的新聞議題而定。她通常會以同樣的方式開始，先讓團隊把注意力放在戶外的風景，朝向山谷斜斜分布的牧草地、一片片的森林與山脈，以及拉奇歐樂鎮上靜謐的石造建築。「奧布拉克是我們所居住，且樂於分享的『小國度』，」她解釋。「無論是透過我們創作的料理，還是我們建立的關係。它也是一條通往領悟的道路，即使是初來乍到之人或外來客，也能深受感動。」70 名員工聆聽著。在他們心中早就知道這點，因為他們早已選擇與客人一樣，踏上同一條應允之路。「奧布拉克可以在所有人身上產生特殊意義，」薇若妮卡繼續。「因為這裡與大眾印象中的鄉間假日極為相似，可以好好地沉思、冥想，回溯人生大事的地方。」

薇若妮卡發現奧布拉克的同時，也遇見了賽巴提恩，當時她15 歲，正在前往學校的路上。這位金髮女孩的童年是在巴黎北邊的聖但尼（Saint-Denis）度過的，之後她就和當老師的母親一起搬到拉奇歐樂。每天早上她都會到鎮上的「集市廣場」等校車，邊等邊看著對面的公牛雕像。這就是她認識常坐在她旁邊的深色髮青少年的過程。

賽巴提恩指給她看 Lou Mazuc 的正面，並宣布：「有一天，我會繼承那棟房子。」因此，薇若妮卡知道如果以後要和他共度一生，就等於嫁給一間餐廳和這個家族的故事。

黃／家族／金髪女郎

薇若妮卡在法國土魯斯大學讀的是外語和工商管理，然後在 1997 年初登場，到已經搬到山丘上和 Le Suquet 合併的「布拉斯之家」擔任櫃檯接待人員。她坦承：「我並不是馬上就確定我喜歡住在這裡。我以前想像的是住在巴黎、倫敦或土魯斯。奧布拉克感覺太離群而居，而且生活條件有時很艱辛。但我學著喜歡它。」

她的原生家庭與距離拉奇歐樂車程 90 分鐘的德卡茲維爾（Decazeville，法國南部城市）礦區有關。她的祖母是波蘭人，祖父來自托斯卡尼；兩人都是在「艱困時世」（hard times）時來到法國的。為了讓薇若妮卡回憶童年菜色和養育她長大的文化，賽巴提恩會煮「羅宋湯」──一道來自東歐，非常營養的甜菜根湯，還有義式高麗菜捲。他還改編了傳統托斯卡尼「裸蹄餃」（gnudi）的食譜，裸蹄餃是一種無麵皮的義大利餃，將瑞可塔起司（ricotta）、菠菜、香草、麵粉、麵包粉和帕瑪森起司混合後，揉成球狀直接放入滾水煮，最後再淋上番茄醬汁，並搭配艾希爾起司泡沫，這是賽巴提恩的版本。艾希爾起司是揚山合作社製造的新鮮牛奶起司，向會在高原上轉為暴風雪的旋風致敬。

薇若妮卡現在把這片荒漠視為她的園地，特別是想到賽巴提恩以及他們的未來：「我們很幸運，能夠在野外養育我們的孩子。四周都是寧靜、未受到破壞的天然環境，還有光芒四射的壯麗天空。」她在 Le Suquet 留下印記與感受。2014 ～ 2015 年冬天，她花了很多心思在翻新工作與傢俱、火爐、燈具以及陶器的重整：她定好風格與情感的基調，仔細檢查草圖並和工廠的樣板比對。建築物和器物翻新的風格符合她的信念──「精緻優雅」要靠真善美的事物來達成。

她提議把通往用餐區的走道改漆為一種特殊的藍色。「不是『克萊茵藍』（Klein blue），不是靛藍色，也不是群青色（ultramarine）；是當夜晚不是黑色時的藍色。」她說。這種色彩稱為「藍色時分」（l'heure bleue）。是一種色調，或是一個時刻。法國歌手馮絲華・哈蒂（Françoise Hardy）在歌曲中給了定義：

當你戀愛時，這就是等待的時光，
等待你所愛之人，沒有什麼比這更好了。
當你知道他們來臨時，
是最令人開心的時刻。
而且我可以告訴你，
那就是所謂的藍色時分。

在正午或晚餐前，當時鐘顯示「藍色時分」時，這些字句就會在薇若妮卡耳邊呢喃。這是一個能夠預見歡樂的時刻，而最後也如願實現了。薇若妮卡描繪了一些場景：「一位正在磨刀的廚師、一名正在把鬍子刮乾淨或調整桌布摺痕的服務生。這個地方的極度平靜創造了一種親密感和集體沉思。在『藍色時分』，客人已準備好要體驗這頓他們提前 8 ～ 10 個月預約，需要迷倒他們的晚餐。他們想像著會看到、吃到和感受到的東西。藍色時分就是靈魂自由遨遊的時刻。」

焦化奶油起司裸蹄餃，
佐艾希爾起司霜，
及聖弗盧爾普拉尼耶扁豆

Recuite gnudis rolled in beurre noisette with Aubrac écir cream
and Planèze of Saint-Flour lentils

這道源於義大利的菜餚，是譜給薇若妮卡血統淵源的一首頌歌，也獻給許多在飯店餐廳留下印記的義大利人。赫奎特起司（Recuite）是在阿韋龍省，使用綿羊奶或牛奶製作的一種凝乳起司。

備料

細砂糖 200 克／蛋白 100 克	**義大利蛋白霜** 用小醬汁鍋把糖和 70 克水煮滾成糖漿。繼續用中火煮糖漿，直到糖漿溫度達到 121°C（250°F）。同時，將蛋白倒入桌上型攪拌機的攪拌盆，打到溼性發泡。慢慢地把滾燙的糖漿倒在蛋白上，繼續攪拌到蛋白霜變涼。取出 40 克的義大利蛋白霜用於此食譜。其餘的可以冷凍保存，留作他用。
吉利丁片 3 克／淡鮮奶油 50 克／白乳酪（fromage blanc，或夸克起司 [quark] 或希臘優格）60 克／艾希爾起司 100 克／打發的鮮奶油 100 克	**奧布拉克艾希爾起司霜** 吉利丁片先用一些冷水泡軟，再擠乾水分。取一小醬汁鍋，將淡鮮奶油煮滾，接著放入吉利丁拌勻。把白乳酪和艾希爾起司倒入熱鮮奶油中，攪拌至非常滑順。加入打發的鮮奶油和 40 克的義大利蛋白霜，小心用切拌的方式混合均勻。做好的起司霜放入虹吸氣壓瓶，置於冰箱冷藏至少 1 小時。
聖弗盧爾普拉尼耶扁豆（亞麻色扁豆）40 克／西芹 40 克／塊根芹菜 40 克／青蘋果（Granny Smith apple）40 克，去皮去核／奧良醋（Orleans vinegar／紅酒醋）15 克／紅蔥 20 克，切碎／圓葉當歸 4 克，切碎／冷壓橄欖油 40 克／法式蔬菜高湯（作法請參考第 96 頁），煮扁豆用／鹽和現磨黑胡椒	**扁豆** 把扁豆放入味道鮮美的法式蔬菜高湯裡煮 20 分鐘。撈起瀝乾水分，置於一旁備用。 將西芹、塊根芹菜和蘋果切成 3 公釐（⅛吋）見方小丁。醬汁鍋中裝鹽水煮滾，放入西芹和塊根芹菜汆燙幾秒鐘，馬上撈出泡冰塊水冷卻。把蔬菜、扁豆和蘋果放入碗中，加醋、紅蔥和圓葉當歸拌勻。倒入橄欖油再次混合均勻，加入適量鹽和黑胡椒調味。
芝麻葉 350 克／菠菜 350 克／橄欖油 15 克／赫奎特起司（Recuite）160 克／大蒜 15 克，切末／老羅德茲起司 25 克，刨絲／小型蛋 1 顆／去皮豌豆粉（yellow pea flour）20 克／現磨肉豆蔻適量／鹽和現磨黑胡椒	**赫奎特起司裸蹄餃** 醬汁鍋中裝鹽水煮滾，放入芝麻葉和菠菜汆燙數秒，接著馬上撈出泡冰塊水冷卻。芝麻葉和菠菜瀝乾後切末，倒入碗中和橄欖油、赫奎特起司、大蒜、老羅德茲起司和蛋混合均勻。加入鹽、黑胡椒和肉豆蔻調味。 把拌好的料整成直徑 3 公分（1¼吋）、大小一致的橢圓橄欖狀，裹上去皮豌豆粉。醬汁鍋中裝鹽水煮到冒小滾泡，放入裸蹄餃低溫泡煮幾分鐘。當裸蹄餃浮起來時，快速過一下冰塊水，置於一旁備用。

上桌前擺盤

薄鹽奶油 1 小塊／古巴菠菜葉（Cuban spinach leaves），裝飾用	把奶油放入不沾煎鍋中，以中火煮成焦化奶油。放入裸蹄餃，輕輕地在鍋中滾動，用奶油裹上略煎。 在盤子上擠一層薄薄的艾希爾起司霜，裸蹄餃也趁熱擺上。撒一些扁豆料，最後以古巴菠菜葉裝飾即完成。

Summer 夏

賽巴提恩用著農人才有的精力，努力為接下來的旺季做準備。他收割了許多之前種下的作物：數以百計的大批水果和蔬菜，一樣比一樣還漂亮美味。他覺得有義務要好好處理它們。雖然他常看起來像在發呆放空，但其實這表示他正處於平靜、高度集中的狀態，而非疲倦：面對眼前的任務，戒慎恐懼。他聆聽、觀察周遭一切，只要一有噪音、氣味，就會馬上做出反應，衝去協助不知所措的廚師。

在 Le Suquet，顧客慵懶地待在休息室的大窗戶前——享受真正的日光浴。即使這個地方離他們家很遠，但他們依舊來到這裡。也或許他們選擇這裡的原因，就是因為離家很遠。

透過八角窗（凸窗），可看到白天灼熱的煙霧，和夜晚的冷凝作用形成一層薄到幾乎看不見的雲，而 Le Suquet 彷彿棲息在上頭。漸漸沒入的落日映照出整個光譜：蛋黃色、乾草色、金色、銅色、銀色、糖果粉色和青花瓷藍。

在拉加代勒的園圃裡，有各種蔬菜，如甘藍菜類（黑葉甘藍 [cavolo nero] 和青江菜）、瓜類（奶油瓜、義大利鵝形瓜 [Tromboncino]、「那不勒斯之滿」瓜〔Piena di Napoli〕和「尼斯之長」瓜〔Longue de Nice〕）和聖菲亞克蠟豆（St Fiacre wax beans）等，以及各式香草和香料，如羅勒、金針花、墨西哥香草、過江藤屬植物（Lippia）和山椒。

在廚房裡，團隊已經找到最好的平衡，每個人適得其所，無論是集體或個人都能感到滿意，大家的動作都充滿信心。儘管服務生和廚師總共 60 個人在用餐高峰期，快速擦肩而過，然而整個組織相當精準且和諧，所以不會發生碰撞。「廚房裡很忙，屋子前面也很忙！」

夏季風味就是週日在拉加代勒的午餐時間，賽巴提恩的瑪麗亞外婆煮的結實兔肉或雞肉，搭配從矮灌木叢採來的水果：覆盆莓、紅醋栗、黑醋栗和混種醋栗（jostaberry，由黑醋栗和鵝莓混種的水果），以各種完熟蔬菜組合而成的夏日饗宴。

夏日的回憶是和雞隻與牛群一起玩到忘卻時間的日子，以及小朋友可以躲起來的麥田和玉米田。賽巴提恩和朋友在拉加代勒的兩間小木屋裡頭玩（一間蓋在樹枝間，一間蓋在冬青灌木 [holly bush] 叢中的地面上）、騎著越野車找鼴鼠、徒手在小溪裡抓魚，和喬瑟夫外公一起下田。

　　　　　　　　　　　　　　　　　　　　日落時的大草原

從拉奇歐樂的村落一路向上到餐廳的路途

從拉奇歐樂的村落一路向上到餐廳的路途

蓬子菜泡煮雙蟠桃，佐 Le Suquet 蜂蜜口味純白奶霜

Twin flat peaches poached with lady's bedstraw and crème vierge flavoured with Le Suquet honey

我們與許多長期供貨的廠商有著特殊的交情。果農亞尼克·哥倫比耶（Yannick Colombié）對他的工作充滿熱情。去他的果園參觀時，我們發現樹上有面對面生長的蟠桃。亞尼克同意連枝摘下來給我們，讓我們能夠就此呈現到客人面前。

備料

蛋白 1 顆／馬鞭草葉（verbena leaves）20 片／糖粉適量	**糖晶馬鞭草葉** 蛋白用叉子打到起泡。使用烘焙刷將蛋白刷在馬鞭草葉上，接著撒上糖粉。輕輕抖掉多餘糖粉後，讓葉片在室溫中乾燥 24 小時。
細砂糖 150 克／蜂蜜 50 克／蓬子菜 10 克／連枝的連體嬰蟠桃 4 組	**蟠桃** 在醬汁鍋中，把 800 毫升的清水、糖及蜂蜜煮沸。移鍋熄火後，放入蓬子菜，浸泡 10 分鐘入味。您可以根據蓬子菜的成熟度以及個人口味，調整蓬子菜的用量。 將蟠桃沖洗乾淨，並修剪一下樹枝，讓樹枝在蟠桃兩側稍微突出。慢慢地把蟠桃泡到熱糖漿中，用小火泡煮 10 分鐘，直到刀尖可以輕易刺穿果肉：泡煮時間會因桃子的成熟度而異。熄火，讓桃子浸在糖漿中冷卻，接著冷藏一晚。
全脂牛奶 440 毫升／淡鮮奶油（乳脂 35%）140 毫升／霧化葡萄糖粉（atomized glucose powder）32 克／細砂糖 110 克／奶粉 40 克／北杏（苦杏仁）精油（bitter almond essential oil）3 克	**冰淇淋** 用醬汁鍋把牛奶、鮮奶油、葡萄糖和糖煮沸。移鍋熄火後，倒入奶粉攪拌均勻。最後再加北杏精油，靜置一晚再攪動成冰淇淋。隔天，用冰淇淋機或冰磨機 Pacojet® 攪動冰淇淋，然後放進冷凍庫保存。
砂糖 60 克／去皮杏仁 100 克／奶油 5 克	**法式杏仁糖碎片（PRALINE SHARDS）** 在醬汁鍋中，將 1 大匙的水和糖煮沸。當溫度到達 121°C（250°F）時，倒入杏仁攪拌均勻，並繼續加熱 5 分鐘左右，直到糖再結晶（recrystallize）。再繼續加熱 3 分鐘，直到成功焦糖化。移鍋熄火後，放入奶油拌勻。倒在烤盤上放涼，用刀切成小塊。
糖粉 100 克／蛋白 20 克	**破盤子** 將烤箱預熱至 170°C（340°F）。糖粉用細目網篩過篩，去掉結塊與雜質。在碗中放入糖粉和蛋白，用打蛋器輕輕拌勻，要小心不要拌入太多空氣。 用烘焙刷在上菜盤上刷一層蛋白糖粉，接著放到烤箱烘乾幾分鐘，以得到碎裂的效果。
吉利丁片 2 克／牛奶 500 毫升／蜂蜜 60 克／馬鈴薯澱粉 12 克／蛋白 50 克，需過篩	**純白奶霜（CRÈME VIERGE）** 吉利丁片用一點冷水泡軟。在醬汁鍋中將牛奶煮沸，接著放入蜂蜜和澱粉。擠掉吉利丁上的多餘水分後，放入醬汁鍋，攪拌後放涼，冷卻後即可倒入過篩的蛋白拌勻。將混合物倒入虹吸氣壓瓶中，並裝上兩個氣瓶，放入冷藏，直到需要時再取出。

上桌前擺盤

烘過的杏仁片 50 克	小心去掉蟠桃的皮，要注意不要把兩顆蟠桃分離。 用虹吸氣壓瓶擠一份純白乳霜到破盤子上，疊上蟠桃，接著擺放一橢圓橄欖球狀的冰淇淋。四處撒上些許烘過的杏仁片和一些法式杏仁糖碎片，最後添上幾片糖晶馬鞭草葉，立即端上桌。

Potato 'gouttière'
馬鈴薯「溝槽」

「那時我們剛從秘魯旅行回來，」賽巴提恩說。「我腦中還清楚記得保護房子的波浪狀鐵皮屋頂，也彷彿還能嚐到馬鈴薯的風味。我決定要以這些情緒記憶為出發，創造一款甜點：夾著焦化奶油霜和鹽味奶油焦糖的馬鈴薯鬆餅。只是出於單純的想法──很簡單、很棒。」知名甜點師皮耶．艾爾梅（Pierre Hermé）坦承：「這是我畢生嘗過最棒的點心之一。」

這個食譜始於 2011 年，當時賽巴提恩、薇若妮卡和米修到利馬（Lima）參加米斯圖拉國際美食節（Mistura International Food Festiva）。廚師們到這裡能見到農民、漁民和動物飼養者，他們會介紹來自亞馬遜雨林的不知名水果，或表演如何把新鮮的魚片得極薄，以做成「檸檬漬生魚」（ceviche）。布拉斯家族從生長在秘魯的 3,000 種馬鈴薯中，選了少量帶回法國，當成這些新發現的紀念品。但可惜的是，這些馬鈴薯無法成功在拉加代勒存活，不過賽巴提恩將這些不好種的塊莖轉化成甜甜的鬆餅，也算是撫慰了自己的小小遺憾。

Le Suquet 的 DIY 櫥櫃又再添一名生力軍，這個工具可能是世上絕無僅有，且是鬆餅要成功不可或缺的功臣。這是由布拉斯爺爺──努力不懈的鐵匠──完成的任務。他做了一系列的銅管，其中有些焊接在金屬座上，有些則是可拆卸的。這些圓柱形的銅管一條挨著一條平行排列，能把特薄的馬鈴薯片壓成波浪狀，陷下去的地方就像一道道的「溝槽」。

要做鬆餅，首先把「Bintje」或「BF15」品種的馬鈴薯放到糖漿裡低溫泡煮，接著切成 1.5 公釐厚的馬鈴薯片，並排成一個長方形。然後放到布拉斯爺爺做的神奇模具上塑型，藉由高低起伏的管子形成波浪狀。之後，馬鈴薯片連同金屬圓筒模具一起放入烤箱，以確保烤的時候形狀不會跑掉。接著，在兩片波浪狀馬鈴薯片中間，豪邁地塗上清爽的榛果奶油霜。最後淋上鹽味奶油焦糖。「很罪惡，但超級美味。」菜單上是這麼描述這些鬆餅的。

賽巴提恩的這個甜點現在已經是 Le Suquet 三大神聖不容修改的菜色之一，另外兩道是「卡谷優」田園沙拉和「岩漿蛋糕」。「用餐尾聲，我們會送上這個鬆餅，還有其他精緻小點，讓整個體驗劃下完美句點，」賽巴提恩說，「而且，我們也會鼓勵客人，如果他們願意的話，用手指拿著鬆餅吃。」就在這道食譜研發成功沒多久後，有組電視工作人員來拍法國電視台（French TV）電視節目《根與翼》（Des racines et des ailes）所需的紀錄片。攝影機捕捉到試做新菜時的一些畫面。在接下來的幾個禮拜，老饕們就常常問：「今天有馬鈴薯鬆餅嗎？」從那之後，無論氣候或季節，這道受到秘魯之旅啟發的菜色，就成為 Le Suquet 歷久不衰的常駐料理。

馬鈴薯鬆餅佐焦化奶油霜、焦糖，
與墨西哥奧勒岡

Crispy potato waffle, beurrenoisette cream, caramel fondant
and Mexican lippia

和「岩漿蛋糕」一樣，這道甜點是 Le Suquet 的經典料理之一。把這道料理放進書裡是為了向餐廳的忠實常客艾瑞克（Eric）致意，他每次來都會選這道甜點，而且比任何人都了解這道料理的許多微妙之處。

備料

「BF15」或「Bintje」馬鈴薯 2 顆 ／細砂糖 400 克	**馬鈴薯鬆餅** 用旋轉蔬菜切片器（rotary mandoline）等合適的工具把馬鈴薯果肉削成長條。也可以用蔬菜切片器刨成薄片。把馬鈴薯條泡冷水，以免產生褐化，轉為咖啡色。醬汁鍋中裝水煮沸，放入馬鈴薯汆燙 45 ～ 60 秒，撈出馬上泡冰塊水冷卻。 把糖和 400 克清水放入醬汁鍋中煮沸成糖漿。將馬鈴薯條浸到冒小滾泡的糖漿中，煮 10 分鐘，接著移鍋熄火，讓馬鈴薯條泡在糖漿中 24 小時。 將烤箱預熱至 140°C（275°F）。瀝出馬鈴薯條，把其中的 ⅛ 用兩張防油紙（蠟紙）夾住，大小為 12×25 公分（4¾×10 吋）。將馬鈴薯放到波浪狀的模具上（請參考上一頁）塑形，重複這個程序做出 8 片鬆餅，然後放到烤盤上烤 40 分鐘左右，或直到變成金黃色，取出放涼，置於乾燥處備用。
吉利丁片 6 克／淡鮮奶油 80 克 ／奶油 170 克／蛋黃 20 克 ／蛋白 180 克／細砂糖 60 克	**焦化奶油霜** 吉利丁片泡一點冷水軟化。把鮮奶油倒入醬汁鍋中，煮到冒小滾泡。吉利丁片擠乾水分後，放入鮮奶油中拌勻（為鮮奶油吉利丁）。取另一醬汁鍋，將奶油加熱至 150°C（300°F），等到變成堅果咖啡色，馬上把醬汁鍋泡進一碗冰塊水中冷卻（為溫焦化奶油）。 把溫焦化奶油、鮮奶油吉利丁和蛋黃放入果汁機中，高速攪打 2 分鐘至乳化。 同時，把蛋白和糖一起打到乾性發泡。將打發的蛋白用切拌的方式與焦化奶油霜混合。放到冰箱冷藏備用。
細砂糖 150 克 ／淡鮮奶油 70 克／薄鹽奶油 （lightly salted butter）50 克 ／牛奶，視情況使用	**焦糖** 把糖放入醬汁鍋中，用中火加熱 3 分鐘，煮成焦糖。煮糖時要隨時觀察色澤，因為顏色深淺會影響焦糖風味的濃淡。將鮮奶油和奶油加到熱焦糖中，用打蛋器攪拌至滑順。如有需要，可再煮滾一次，直到焦糖完全溶解，且整體質地平滑沒有顆粒。放涼，可視情況加一點牛奶稀釋。

上桌前擺盤

糖粉，撒在成品上 ／尖端有盛開花朵的 墨西哥奧勒岡 1 枝	用裝上星形花嘴的擠花袋，在整片鬆餅上擠出一層 5 公釐（¼ 吋）厚的焦化奶油霜。用另一個擠花袋，填入一些鹽味奶油焦糖。均勻擠在分布整塊餅的表面後，蓋上另一片餅，接著撒糖粉，以墨西哥奧勒岡裝飾即完成。 **NOTE** ——製作焦化奶油霜時，不要忽視加熱、冷卻奶油的步驟：奶油的顏色會影響奶霜的味道。 必須等到出餐最後一刻才組裝，而且一上桌就要馬上品嚐，否則餅就會不脆了。

Gathering a bouquet of daylilies
採集一束金針花

在拉加代勒的園圃裡，正上演一場拿著剪刀的「決鬥」。發生爭端的兩造分別是來採集廚房所需植物的廚師們，和照看花藝展示用植物的賽巴提恩的母親吉娜特。「請留給我一些韭蔥花！還有古銅色甜茴香！」她每天早上 6 點 30 分起床，準備好熱咖啡和蛋糕，歡迎廚師們的到來。這場「爭端」是一個反覆出現的笑話，多半是由金魚草的花瓣（snapdragon petals）引起，因為它們既漂亮又美味，滋味和菊苣相似。

雖然很想，但吉娜特會避免採摘金針花（daylily，又稱為「萱草」），它的顏色從黃色到紫黑色都有。之所以不採是因為賽巴提恩很喜歡將它們新鮮如榛果般的風味，以及脆脆的口感使用在料理上。金針花是「花如其名」[1]：這種花在清晨開花時必須趕快摘起來，並在當天吃掉，因為到了傍晚，花就枯了。在日本的吃法是炸花苞，而在 Le Suquet，則是像料理櫛瓜花一樣，會在花裡塞餡料。

「我會讓廚師們先摘。」吉娜特說。她也會讓他們摘一些極為美麗的品種，如萬壽菊和大波斯菊（cosmo）。這些植物的花與葉，有著自然美和類似柑橘或蘿蔔的風味，可以讓「卡谷優」田園沙拉更生意盎然。作為交換，廚師們會留韭蔥頭給吉娜特，這個部分很脆弱，像是老化的蒲公英，任憑風或小孩的吹氣擺佈。「大自然對我們非常慷慨，願意和我們分享它的果實。」吉娜特觀察。餐廳用的裝飾花卉是 Le Suquet 的第三類必要採摘，與採集廚房園圃的香草和高原的野生植物一樣重要。「我一直都覺得沒有花的屋子是無趣的。」吉娜特補充。她在 Lou Mazuc 工作時，等午餐時段過後，就會和布拉斯奶奶一起去採。她們走在溝渠或小溪（當地方言為 bartas）和牧草地之間，回來時，她的籃子裡會裝滿罌粟花、水仙和金雀花（broom）等當季盛開的花朵。

從 2004 年開始，吉娜特就在拉加代勒的花壇種下自己要用的裝飾性花卉，她對這些植物的冒險精神就像米修對香草和蔬菜一樣。旅行時帶回來的各種知名與不知名花卉。春天時，銀蓮花（anemon）、大麗花（dahlia）、紫苑花（aster）、花葵（tree mallow）和鬱金香會和螢光綠的大戟屬植物（euphorbia）接觸，產生各式各樣的變種、混種和顏色。透過植物，吉娜特繼續與大自然、用餐區和廚房保持聯繫。

「沒有吉娜特，這場冒險就不可能會成功。」米修說。靠著自學和熱情，吉娜特曾長期負責管理酒窖。「每個冬天，我的父母會訂一個圓木桶的波爾多葡萄酒，然後我們會在國定假日時裝瓶，他們也會給我不同的樣本試飲，」吉娜特回憶。「在 8 歲還是 10 歲之前，對於葡萄酒的品質，我就已經有自己的見解。」她也會到不同酒窖旅行，與從阿爾薩斯（Alsace，法國東北角的地區）到梅多克（Médoc，法國地區）的生產者碰面，以及試喝從塔韋（Tavel，法國的葡萄酒法定產區）到安茹（Anjou，法國的省份）的葡萄酒。她也從西班牙和義大利進口名莊葡萄酒。從 1990 年就開始協助她的侍酒師塞吉歐・卡德隆（Sergio Calderon）至今仍很景仰吉娜特：「她教我好酒就應該以非常純粹簡單的方式呈現。」

吉娜特和她的繼任者薇若妮卡一樣，在門一打開的瞬間，就會上前迎賓，詢問幾個問題、推測某些答案、預期一些願望並徐徐帶入某種氛圍。她很重要的一項任務——也包括告訴米修「實話」——哪些料理能馬上讓人印象深刻，而哪些則是讓人焦慮不安。她會讓丈夫的創意成長茁壯，且雖然很不願意，但有時還是得被迫揮舞著「修枝剪」——給予最真實的建議。廚師們記得經過幾週的困惑反應後，吉娜特終於成功讓好吃，可是太怪里怪氣的豌豆甜點從菜單上消失。

2001 年，在工作 30 年後，她和米修一起離開 Le Suquet 的舵輪。「起初，我因為這樣哭了，」她說。「有些客人已經變成我會親臉頰貼面問候的好朋友，我覺得我好像拋棄了他們。但我很確定薇若妮卡和賽巴提恩會好好照顧他們。」吉娜特目前還是貢獻己力在插花上，每個禮拜有好幾個早晨需要工作。多虧了她，餐廳在 4 月開始營業時，就有黃水仙（daffodil）妝點，而 10 月中休業時，會看到有如小小紙燈籠的燈籠果（physali）。她的作品會擺在用餐區的每張桌子上，也會放進大花盆，擺在餐廳空間高處，供大家欣賞。花瓶裡混合著氣宇不凡的花朵和含苞待放的枝節：樺木、垂柳、歐洲花楸（rowan）——葉子正面是綠色，反面是銀色——和貼梗海棠（Japanese quince，又名「刺梅」），末者是吉娜特的最愛之一，它的樹枝會開出精緻但堅韌的粉紅色花朵。

1　譯註：英文名字 daylily 直譯為「日百合」。

正在創作當日花藝的吉娜特・布拉斯

穀物餡金針花、凝乳 及乳酸發酵檸檬

Daylilies filled with grains, curd and lacto-fermented lemon

金針花的花瓣口感很脆。這些每日一早在拉加代勒採摘的花朵，帶有榛果風味，是 Le Suquet 菜單中很受歡迎的一道。

備料

去皮黃豌豆（yellow split peas）60 克／香味蔬菜（胡蘿蔔、洋蔥、大蒜、韭蔥）適量／橄欖油 50 克／第戎芥末醬 30 克／蔬菜高湯或水，視情況添加／鹽

去皮豌豆豆泥 去皮豌豆沖水後，泡在 3 倍量的清水中一晚。將豆子瀝出，和蔬菜以及豆子 2 倍量的清水一起放入醬汁鍋中。以中火煮 45 分鐘，接著加少許鹽調味。豆子倒掉水分後，放入果汁機中，和橄欖油及第戎芥末醬一起打成泥。加適量鹽巴調味，並視情況加一點蔬菜高湯或水稀釋。冷藏備用。

山羊奶優格 125 克／小型大蒜 1 瓣，切末／不甜的白酒 20 克／檸檬汁 20 克／蒔蘿 3 克，切末／乾燥百里香 1 克／蜂蜜 10 克／葡萄籽油 40 克／鹽和現磨黑胡椒

優格油醋醬 將除了橄欖油外的所有食材放入碗中混合，然後慢慢倒入油，用打蛋器攪拌均勻。以適量鹽和黑胡椒調味後，冷藏備用。

布格麥 40 克／蔬菜高湯 400 克／番紅花花絲 3 克／鹽 2 克／北非綜合香料（ras el hanout）2.5 克／醋栗 25 克，用水泡發／醃檸檬 4 克，洗淨後切丁

布格麥（BULGUR） 醬汁鍋中裝水煮沸，放入布格麥汆燙 1 分鐘以移除任何塵土。沖冷水並瀝乾。把布格麥放入醬汁鍋中，添入蔬菜高湯、番紅花花絲、鹽和北非綜合香料一起煮滾，加蓋以中火烹煮 20 分鐘。倒掉水分，加入泡軟的醋栗和醃檸檬。視個人口味調味。

珍珠大麥 100 克／蔬菜高湯 400 克／芝麻葉 150 克／黃瓜 ½ 條，去皮去籽後，切成小丁／蓽澄茄（Cubeb pepper）適量／鹽

珍珠大麥（PEARL BARLEY） 醬汁鍋中裝水煮沸，放入珍珠大麥汆燙 1 分鐘。沖冷水後，瀝乾。把珍珠大麥放入醬汁鍋中，倒入蔬菜高湯，先煮滾後，再加蓋以中火烹煮 25 分鐘。煮好後，沖冷水，瀝乾。

芝麻葉摘掉葉梗，放入煮滾的鹽水中汆燙 1 分鐘，撈起沖冷水並瀝乾。把芝麻葉切末（愈細愈好）。將所有食材拌在一起，並加入適量蓽澄茄和鹽調味。

藜麥 40 克／蔬菜高湯 400 克／柳橙 2 顆／醃檸檬 30 克／菲律賓青檸醋 20 克／橄欖油適量

藜麥 醬汁鍋中裝水煮沸，放入藜麥汆燙 30 秒以移除任何塵土。沖冷水並瀝乾。把藜麥放入醬汁鍋中，倒入蔬菜高湯，先煮滾後，再加蓋以中火烹煮 10 分鐘。起鍋後沖冷水並瀝乾。

取其中一顆柳橙的果皮 10 克，切成小丁。用滾水汆燙 1 分鐘後，沖冷水。取下兩顆柳橙的橙瓣，要仔細去除所有白髓。把橙瓣切成丁。醃檸檬去除果肉後，取 20 克果皮切成非常細的細末。把處理好的所有食材放入碗中攪勻，加入菲律賓青檸醋和橄欖油調味。

蛋 1 顆／醃檸檬的果皮 100 克／醃檸檬的果肉 30 克／葡萄籽油 100 克／鹽

醃檸檬醬 醬汁鍋中裝水煮沸，放入雞蛋煮 6 分鐘。雞蛋沖水冷卻後去殼。將檸檬皮放入滾水中汆燙 1 分鐘，再沖冷水。把半熟水煮蛋、檸檬皮、檸檬果肉和 2 大匙清水用果汁機打勻。倒入葡萄籽油，攪打均勻。視情況加鹽調味。

上桌前擺盤

金針花 12 朵／醃檸檬皮屑適量／聖羅勒葉、紫羅勒葉和甜蒔蘿葉，裝飾用

在盤子上點幾處醃檸檬醬和一些優格油醋醬。把金針花的花蕊摘掉，用擠花袋，先在花中擠入 ⅓ 滿的去皮豌豆豆泥，接著再擠入三種穀物餡。最後撒上醃檸檬皮屑和香草裝飾。

NOTE —— 想要的話，也可以把山羊奶優格換成牛奶優格。

Coulant 岩漿蛋糕

「塊根芹菜岩漿蛋糕佐法國金蘋果（Goldrush apple）雪酪、南瓜岩漿蛋糕佐發芽燕麥冰淇淋、牛奶咖啡庫利（coulis）、核桃與阿拉比卡調味品。酸麵包餅乾與流質拉奇歐樂起司，上頭放一個烤洋蔥，取代一球冰淇淋，」我意識到自己的滔滔不絕，卻無法停下。「還想知道更多嗎？準備從白色殼（烤熟放涼的麵團，過篩成細粉後，再和義大利蛋白霜混合）爆發出來的甜咖哩奶霜岩漿蛋糕（作法請參考第 178 頁）！把咖哩放進甜點常會引起驚訝的反應，我在印度『王子之省』——拉賈斯坦邦（Rajasthan）發現它的美。」現在我的供貨來源是來自布列塔尼的朋友——雨果和奧利維耶‧侯艾朗傑（Hugo 和 Olivier Roellinger），他們是廚師也是旅人。

這一切都始於一道父親在 1981 年創作的料理，靈感來自一場冬季遠征。我與父母、弟弟去滑雪，在奧布拉克的其中一個最高點——魯西永之丘（the Puech du Roussillon）上，那裡海拔為 1,402 公尺（4,600 英尺），距離我們蘇給之丘上的飯店餐廳預定地有 3 公里（不到 2 英里）遠。當時氣候很嚴峻，有個暴風雪正在成型。晚上，母親準備了傳統熱巧克力給我們喝，裡頭有一點點來自鍋底的鹽粒。我們捧抱著碗，那感覺真棒。父親希望能在甜點中重現這個幸福的時刻——巧克力的溫暖與風味。

但這個食譜遭遇到很多問題，總共歷時兩年多才成功研發出來。一開始，每批成功的試驗品中，都會有 5 個不小心破掉。母親必須去照料在用餐區等待甜點的客人：「有，甜點快好了！」而我得把那些失敗品吃掉！

成功的「秘訣」在於熟練困難的製作技術：冷凍的甘納許（巧克力和鮮奶油）內核要插入巧克力餅乾中央（因是杏仁粉和米粉做的，所以非常輕薄），再放到烤箱用 180°C（350°F）烤 20 分鐘，把外殼烤熟，讓內餡融化但不能乾掉。最後就會變成固態的外表，和幾乎是流質的內在，讓您可以用湯匙切開。美味的可可霜流出來的速度就像水波蛋的蛋黃一樣快。

製作這道甜點需要大量的技巧和精選的設備。如果冷凍甘納許內核沒有放在軟餅乾殼的正中央，那麼在把岩漿蛋糕脫模時，內核就會刺穿餅乾。另外，用老式炫風烤箱比較好，因為它可以快速把餅乾烤熟、烤乾。我記得在新加坡示範時，曾發生一場悲劇：那個烤箱太新型了，外層的餅乾烤完，像石頭一樣裂開。那天我們真是心急如焚！

許多餐廳，甚至是冷凍食品店，會供應名為「濕潤蛋糕」、「半熟蛋糕」（mi-cuit）或「翻糖蛋糕」（fondant）的甜點，它們的商品有著我們岩漿蛋糕的外表，但完全是不同的東西。裡頭包的不是甘納許，而純粹是生麵團。當您切開外殼時，裡頭是相當紮實的，就像切半熟水煮蛋——甚至是全熟水煮蛋一樣。

1990 年代，父親在岩漿蛋糕上面多加了一球冰淇淋，讓這道甜點更臻完美。冰淇淋與溫熱的內餡形成溫度的對比，而且本身也像是一樣額外的小點心。我們也會併入某種調味品（一朵花、撒一些粉或淋一些醬）。在「全巧克力」的岩漿蛋糕之後，我們還推出了其他的甜味組合，包含水果、香草、香料或蔬菜，也有鹹口味的，如麵包、起司和小寶石萵苣（Little Gem lettuce）。

在家裡，我們每個人都有自己最喜歡的風味與組合。兒子阿爾班和我父親是全巧克力口味加上香草冰淇淋的死忠粉絲。女兒芙蘿拉（Flora）則是鍾愛覆盆莓岩漿蛋糕佐紅甜椒雪酪。薇若妮卡喜歡白色杏仁粉外殼加甜菜根內餡，最後配藍莓冰淇淋，這個組合是阿爾班在 2020 年夏天西點實習時想出來的，的確是值得驕傲的完美組合！母親則是無法抗拒陳年拉奇歐樂起司做的鹹口味版本。至於我自己，我喜愛全巧克力版本，配上小荳蔻冰淇淋。

所有這些變化版出現在菜單上時，都會加上一條備註：「對 1981 年原版岩漿蛋糕的一種詮釋。」我覺得這是一個永無止境的循環。藉由考慮各種不同的組合，我們每週可以創造出數百種配方和新的岩漿蛋糕。即使只是原版的「全巧克力」口味，搭配的調味品也有無限多的可能性。放在上頭的冰淇淋口味也常常換：香草、咖啡與瑪薩拉酒（Marsala）、香料、孔普雷尼亞克松露等。這些變化版增添了既明顯又細微的差異，也都會影響整道甜點的個性。

岩漿蛋糕的製作方法也不斷進化中，家裡的每個人都參與其中。叔叔安德烈設計了矽膠模具，取代父親因不想浪費而一直使用到壞掉的金屬容器。至於我，當我 1992 年在 Le Suquet 當學徒時，我改變了餅乾內餡的製作方式。在那之前，甘納許內核是一個一個手工做出來的。我提議用類似冰塊盒的器具來做，這樣就可以一次完成好幾個。

我也和父親一起創作出這道甜點的相反版本——冰流蛋糕（coulant glacé）。在這個變化版中，液態的鮮奶油會注入到非常冰的外殼中（用打發鮮奶油和冰淇淋製成）。在兩者之間，有一層薄薄的蛋白霜，以免產生冷熱衝擊。我們從冬天創作出的溫熱甜點走到夏天顧客會更愛的涼感甜點——雖然這個版本的內核也是溫的。我不知道未來我們還會對這道經典甜點做出什麼樣的演繹，但有一件事是確定的：岩漿蛋糕讓我們永保赤子之心！

咖哩奶霜岩漿蛋糕，佐優格冰淇淋及梅爾檸檬

Curry cream coulant, frozen yogurt and Meyer lemon

每年，賽巴提恩都很樂於重新詮釋這道父親發明的經典甜點。這個辛香版的岩漿蛋糕是一個脫逃到印度的藉口——一份跨越拉賈斯坦邦而來的紀念品。

備料

白巧克力 26 克／可可脂（cocoa butter）52 克／奶粉 15 克／咖哩粉 2.5 克／淡鮮奶油 160 克／牛奶 82 克／細砂糖 28 克／奶油 10 克／玉米澱粉 8 克

內核 前一天，先在攪拌碗中混合白巧克力、可可脂、奶粉和咖哩粉。用醬汁鍋將鮮奶油、牛奶、糖、奶油和 68 克水煮沸。倒入玉米澱粉，拌勻後再繼續沸騰幾秒鐘。把熱液體倒入裝了巧克力混合物的碗中，然後攪拌均勻。

將混合好的咖哩巧克力液倒入 4 個圓形的模具中（直徑 4 公分／1½ 吋、高 3.5 公分／1¼ 吋），接著以 -20°C（-4°F）的溫度，至少冷凍 3 小時。

麵粉 400 克／（烘焙用）杏仁粉 80 克／鹽 6 克／奶油 320 克，軟化備用

油酥皮（SHORTCRUST PASTRY） 將烤箱預熱至 170°C（340°F）。麵粉、杏仁粉和鹽過篩入攪拌碗中，拌勻。放入切成小塊的奶油，混合均勻。在一張烘焙紙上，把麵團擀開成 7 公釐（¼ 吋）厚，烘烤 15～20 分鐘，直到均勻上色。放涼後，把麵皮過篩，壓出顆粒大小一致的粉末。取 300 克備用。

細砂糖 200 克／蛋白 100 克

義大利蛋白霜 在醬汁鍋中，混合糖和 70 克水，加熱至 121°C（250°F）。蛋白用打蛋器打出尖勾（peak）後，把熱糖漿倒在蛋白上，要小心不要淋到打蛋器。放涼後，持續攪打 10 分鐘不間斷，完成後取 200 克備用。

準備餅乾和組合岩漿蛋糕 把 200 克義大利蛋白霜和預留的 300 克油酥粒混合成餅乾麵團。

在 4 個高 4 公分（1½ 吋）、直徑 5 公分（2 吋）的環形模內部鋪烘焙紙，填入義大利蛋白霜油酥餅乾麵團至環形模的⅔高。用刀尖把冷凍內核塞進麵團中央，不要塞到底，要確定每個環底部還有 5 公釐（¼ 吋）的餅乾麵團。用更多的餅乾麵團把內核蓋住，直到填滿環形模為止。將表面整平，冷凍 24 小時備用。

梅爾檸檬 1 顆／細砂糖 20 克／玉米澱粉 2 克

庫利（COULIS） 取檸檬的皮屑及榨汁。在醬汁鍋中，混合糖、檸檬皮屑、檸檬汁和 80 克水。煮沸幾秒鐘後，加入玉米澱粉。再繼續沸騰幾秒鐘後，移鍋熄火，等放涼後，冷藏備用。

淡鮮奶油（乳脂 35%）150 克／細砂糖 130 克／液態葡萄糖 30 克／奶粉 50 克／優格 500 克

冰淇淋 將鮮奶油、糖和葡萄糖倒入醬汁鍋中煮沸幾秒鐘。熄火後，用果汁機打勻，再加入奶粉。放涼後，倒入優格攪拌均勻。放入冰淇淋機中攪動，保持在 -15°C（5°F）備用。

細砂糖 300 克／梅爾檸檬 1 顆

檸檬 在醬汁鍋中，把糖和 150 克水加熱至 121°C（250°F）。檸檬用切片器切成薄片。把滾燙的熱糖漿倒在檸檬片上，放至冷卻。

上桌前擺盤

將烤箱預熱至 180°C（350°F）。把岩漿蛋糕放上烤盤、送進烤箱烘烤 20 分鐘。用利刃確認熟度，取出時刀要是微溫。放涼 1～2 分鐘，接著小心脫模。

把不同的元素擺放在盤中，最後將一球優格冰淇淋放在熱岩漿蛋糕上，馬上享用。

NOTE —— 內核與外圍模具的直徑大小差很重要。這不只會決定餅乾和流心的比例，也會影響脫模的難易度。理想情況下，兩者差異最好是 1.5 公分（½ 吋）。若想要簡單一點操作，可以把內核做的稍微小一點。

梅爾檸檬是一種柑橘類水果，香氣綜合了香水檸檬、橘子和檸檬。

Sahara 撒哈拉

那是一個在沙漠中央的不尋常聖誕夜，鴨絨被般的沙丘，無垠的地平線一路延伸到銀河，而從沙子傳來的一陣涼意，舒緩了整天的灼熱空氣。1986 年時，布拉斯家族在撒哈拉沙漠慶祝聖誕夜。他們一行共有 10 人，在這 10 天裡，無論大人小孩、老的少的，每個人每天都走了大概 20 公里（12½ 英里）。那天晚上，其中一位嚮導給旅客送上了炭烤山羊肉。那整塊已經焦到「幾乎是一塊木頭」了，但「天啊，真的超級好吃！」米修自告奮勇要準備甜點：蘭姆酒燒椰棗（rum and deglazed dates）。小小旅行隊中的每個人都吃得津津有味。當時賽巴提恩 15 歲，而撒哈拉沙漠是他第一趟長途旅行。

「一直以來，我都被沙漠的魔法深深吸引著，」他說。「這是需要花很多時間才能了解的地方。一開始，放眼望去，看到的只有沙子、石頭和很少很少的植物，而且沒有任何聲音。——這裡一片死寂，但其實充滿了生命！早晨起床時，我們會看到睡袋周圍有三趾跳鼠（jerboa）的腳印。沙漠也是一個能遇到熱心人士的地方，我絕不會忘記那個在遼闊沙漠中度過的聖誕夜。」

布拉斯一家在賈奈特（Djanet）停了下來，那裡是阿爾及利亞東南的一處綠洲。走進旅行社時，他們看到有本小冊子隨意放在櫃台上。上頭寫著「世界上的荒漠」。沙漠、鹽漠、冰漠……賽巴提恩後來也實際探訪了這其中的幾個，比如說，到阿根廷繼續追求這份始於撒哈拉的熱情。但當他們翻到其他頁時，發現了另一個驚喜，一個被標為「綠色荒漠」的地方：奧布拉克！賽巴提恩從沒想過旅行了數百公里，居然會在這裡看見這段文字，寫著他一直了然於心的事實：他的園圃是片荒漠。

「還有另外一個原因讓我覺得在沙漠很自在，」賽巴提恩坦承。「那就是攝影，從 2000 年代初期開始，我就對這方面很感興趣。這個地方非常適合以黑與白呈現，可以在沒有色彩的污染干擾下，探索光影、對比、形狀、質地和素材的變化。沙漠的照片會顯示出躲藏在裡頭的東西。」

撒哈拉沙漠的食物裡充滿智慧，所以相當具有啟發性。賽巴提恩記得圖阿雷格人（Tuaregs）[2] 的「沙烤麵包」（taguella），那是一種未發酵的粗麥粉麵餅，需放在地面的餘燼上加熱 40 分鐘。烤熟後，要刮一刮麵餅的表面，才能除掉沙粒和灰燼微粒。「那非常好吃，」他邊說邊回味。在柏柏爾語（Berber，北非原住民柏柏爾人的語言）中，taguella 是「神聖、受到祝福的基本糧食」。

20 年後，賽巴提恩到阿特拉斯山脈探險，那是另一種荒漠，地理位置比撒哈拉更北。這片沙漠雖然比撒哈拉面積小，但海拔比較高。小徑上高高低低散落著許多臨時營帳，且光線因為很寧靜祥和而讓人感到熟悉。這裡的景色或人物雖然都與撒哈拉沙漠的不同，但賽巴提恩嚐到了另一種簡單樸素而美味的料理。他發現了鹽醃檸檬，是一種可以轉化味道的方法，讓柑橘有幾乎要餿掉的味道，但卻保留了它飽滿的風味。這個鹽醃檸檬成為他最愛的「調味品」之一；在他幾次和家人或朋友一起去阿特拉斯山脈旅遊時，他認識了當地慶典食物，如蜂蜜香料烤粗麥粉；有天，當他們在村莊裡迷路時，布拉斯家族走進一間當地雜貨店，並享用了一頓臨時湊合出來的餐點，那是店家主人用家裡最棒的東西做成的：駱駝奶凝乳和熟山羊肚。賽巴提恩把所有食物吃個精光。

2　譯註：撒哈拉沙漠週邊地帶的遊牧民族。

沙烤麵包夾勇氣香腸，
佐泡沫奶油炸「麵包碎屑」

and-baked taguella bread filled with courade and 'miettée' fried in foamy butter

「勇氣香腸」又被命名為「表親香腸」（saucisse des cousins），是一種風乾香腸，風味和這款傳統麵包很搭。以前農場要殺豬時，會請附近的鄰居來幫忙，當天結束時，主人會送這種內臟做的香腸給來幫忙的人。可惜，現在這樣的殺豬日已經幾乎看不到了。

備料

| 葵花油 100 克／諾拉辣椒（ñora chilli pepper）10 克 | **諾拉辣油（ÑORA CHILLI OIL）** 用醬汁鍋把油燒熱至 80°C（175°F）。移鍋熄火後，放入辣椒，浸泡入味一個晚上。 |

新鮮酵母 2 克／小米粉 75 克／低筋麵粉 150 克

酸種酵頭 在碗中混合酵母和 100 克水。粉類過篩到另一碗中，再倒在酵母水上。把粉類和酵母水攪拌均勻，但不要太過度。蓋上戳了洞的保鮮膜，放在 18°C（64°F）的地方靜置 20 小時。

新鮮酵母 0.5 克／蜂蜜 4 克／鹽 4.5 克／細顆粒杜蘭小麥粉（fine semolina）50 克／諾拉辣油，塗抹容器用

沙烤麵包 隔天，把酸種酵頭和 68 克水、酵母和蜂蜜混合成均勻無粉粒的麵團。鹽放入 22 克水溶解後，再倒入麵團中。開始把麵團揉至光滑。在碗裡抹上諾拉辣油後，放入麵團，蓋上廚房布巾，等待麵團發酵成原來的 3 倍大。

麵團發酵完成後，把它分成 4 等分。將麵團塊放在廚房布巾上，撒上細顆粒杜蘭小麥粉，再把麵團塊翻過來，另一面同樣撒上細顆粒杜蘭小麥粉。靜置發酵大約 30 分鐘，直到膨脹成 2 倍大。

在沙地上備好柴火。當火焰平息，且幾乎沒有餘燼時，把灰和餘燼推到一邊，然後在熱沙上挖一個洞。用噴槍快速把麵團表面烘乾，這樣沙和灰就不會黏在麵包上。接著把麵包放進熱沙裡，用熱灰燼及餘燼蓋住。加熱 35 分鐘後，取出麵包。用刷子刷掉麵包表面的沙子；應該很容易就能刷掉。

香味蔬菜高湯（月桂葉、丁香、洋蔥、大蒜、韭蔥等）1 公升／勇氣香腸 600 克

勇氣香腸 把高湯倒入大醬汁鍋中，用中火加熱到冒小滾泡。將香腸放入高湯內低溫泡煮 10 分鐘。關火，但將香腸留在高湯中保溫。

雞蛋 4 顆／打發的鮮奶油 20 克／拉奇歐樂起司 80 克，刨絲／奶油，塗抹容器用／切碎的巴西利適量／鹽

舒芙蕾蛋 將烤箱預熱至 200°C（400°F）。分離蛋黃和蛋白，蛋黃要一顆一顆分開放。將蛋白倒入攪拌盆中，加一小撮鹽打發至乾性發泡。輕輕拌入打發的鮮奶油。在 4 個直徑 5～6 公分（2～2¼ 吋）的環形模抹上奶油後，倒入打發的蛋白霜，高度到達模具的一半，接著挖出一個凹洞，小心將蛋黃放在中間（不要讓蛋黃破掉）。

撒上一些切碎的巴西利和起司，再以更多的蛋白霜蓋住，放入烤箱烘烤 8～9 分鐘。

上桌前擺盤

紅蔥 1 顆，切末／奶油適量／大蒜和青蔥的花，裝飾用／紫花南芥和圓葉當歸的葉子，裝飾用

瀝出香腸，保留泡煮的高湯。香腸放入煎鍋用大火煎，開始上色後，放入紅蔥，炒 1～2 分鐘至金黃。

把麵包中心的麵包體挖出來，弄碎成麵包粉。在煎鍋中，放入些許奶油加熱至起泡，接著放入麵包粉炸至上色。300 克的香腸除掉腸衣後，掰碎和麵包粉混合。剩下的香腸切成薄片。加一些預留的煮香腸湯水到香腸麵包粉中，讓整體變柔軟——這就是「麵包碎屑」（miettée）。把麵包碎屑填入麵包中心，再疊上幾片香腸和一顆舒芙蕾蛋。最後以一些大蒜花、青蔥花、紫花南芥與圓葉當歸的葉子收尾。當您咬下三明治時，蛋會裂開，讓所有食材與風味融合在一起。

Lady's bedstraw 蓬子菜

蓬子菜（Lady's bedstraw，學名為 Gallium verum）：為多年生草本植物，英文又稱為 yellow bedstraw，屬於茜草科（Rubiaceae family）。在奧布拉克出現的時間為每年 6 月到 9 月之間，也被稱為「凝乳」（caille-lait）[3]。其藥用特性：鎮靜和可輕微抑制肌肉痙攣。

賽巴提恩把所有黃色的花朵收集起來，這些花朵的風味雖甜，但因其有尾韻帶有花香，所以從不顯膩。蓬子菜可以做成風味油、油醋醬，或磨成細粉，用在甜點或鹹味菜餚中皆可，可搭配魚類、禽肉，或「赫奎特起司」（阿韋龍省的經典起司，用綿羊奶的乳清製成）。搭配起司是回歸本源的概念：蓬子菜曾被用來凝結奶類。它的種名源於古希臘語 gala，是「奶類」的意思。順帶一提，這種花在英國，會加到雙倍格洛斯特起司（Double Gloucester Cheese）中，可賦予其蜂蜜餘味和橘黃的顏色。日德蘭半島（Jutland peninsula）的丹麥人，以前則會用蓬子菜來製作名為 gul snerre 的利口酒[4]。

在 Le Suquet 附近的高原上，廚師兼採集者能輕易地在綠色牧草間，看到蓬子菜鮮亮的顏色，無需深入到松樹林，就能採滿好幾籃。較不引人注意的白色蓬子菜，則通常會生長在黃色蓬子菜的低幾公尺處。

「我們所有的廚師都會輪流去採集，」賽巴提恩解釋。他們每天會帶著剪刀和一個籃子出去採集香草、花卉和種籽等奧布拉克隱藏的寶藏，且僅靠視覺和嗅覺就能辨別出植物。「在林下灌叢中，濃烈的香味引領我們找到需要的東西。」有時廚師們必須穿過好幾塊會刺腿的蕁麻（nettle）或薊藜（thistle）的草地，才能繼續往前走。

在樹林和草地採集能喚醒人們遊牧的本能。它們（蓬子菜）和動物獸群一樣會遷徙，因此，採集者必須隨著植物的蹤跡。生長週期一開始和拉加代勒圍圈的海拔高度相同（海拔 800 公尺 [2,625 英尺]），接著跟隨夏日推進，移到高一點的地方，以免被陽光灼傷：拉奇歐樂附近為 1,000 公尺（3,281 英尺）；Le Suquet 附近為 1,200 公尺（3,937 英尺）。廚師兼採集者每週都要往上移一層。當他們移到最高處，海拔將近 1,400 公尺（4,593 英尺）時，就表示植物已經接近生命的尾聲了。再過 10 ～ 15 天，它們就會消失。

賽巴提恩聊起一場「奇遇」。他的員工中，曾經有一名廚師在林中空地迷路了。她離餐廳就只有幾百公尺遠，但當薄霧升起時，每棵樹都長得很像，岩石也不見了，所有地標在寂靜中消失殆盡。當時手機沒有訊號，而且出去採集的時候，也沒人帶指南針或藏寶圖。她的經歷變成一段奇妙的故事，包括曾在略帶藍色的霧中與鹿面對面。她最後終於走出這個夢境般的地方，並成功找到回家的路。這段奇遇總共歷時了 3 小時。

---

3 譯註：因為歐洲會用此植物來凝結牛乳，和讓起司上色。

4 譯註：gul snerre 即是丹麥當地對「蓬子菜」的稱呼。

蓬子菜風味洋蔥、番紅花克菲爾

Lézignan sweet onion flavoured
with Le Suquet lady's bedstraw
and Aveyron saffron kefir

在這道料理中，克菲爾——具酸味的發酵乳製品——能加強洋蔥的甜度和蓬子菜的蜂蜜味。

備料

生乳 500 克
／阿韋龍產番紅花花絲 1 根
／克菲爾菌粒 2 克

番紅花克菲爾 在醬汁鍋中，把牛奶加熱至 40°C（104°F）左右，接著移鍋熄火，將番紅花花絲泡到牛奶中浸漬出味。倒入克菲爾菌粒，靜置於溫暖處，以加速牛奶凝結。讓混合物至少發酵 18 小時（若想要味道濃一點，可以拉長發酵時間，會影響質地和酸度。）

克菲爾完成後，用打蛋器攪拌至細滑。可以直接這樣使用，或再用紗布（起司濾布）過濾一次，讓質地更濃稠。在此道料理中，我們比較喜歡經過過濾，濃稠一點的版本。置於一旁備用。

萊濟尼昂甜洋蔥（Lézignan sweet onion）4 顆／蓬子菜油 50 克（作法請參考第 119 頁）／鹽

風味洋蔥 烤箱預熱至 160°C（325°F）。洋蔥清洗乾淨後，剝去外皮。頭幾層剝下不加熱，留至擺盤時使用。稍微在洋蔥表面淋一些蓬子菜油，每一顆分別用塗了一點油的鋁箔紙包好，並撒上一小撮鹽調味。送進烤箱烤 45 分鐘後取出，但不要拆掉鋁箔紙，讓洋蔥可以繼續焦糖化。

芥末籽 20 克／粗鹽 2 克

芥末鹽 把芥末籽用杵和臼搗碎。加入粗鹽，一起磨成粉末。置於一旁備用。

1 顆芥菜的菜梗

芥菜梗 大醬汁鍋中裝鹽水燒滾後，放入芥菜梗汆燙 3 分鐘，要保有相當的脆度。把菜梗泡到冰塊水中冷卻。

上桌前擺盤

蓬子菜油 50 克
（作法請參考第 119 頁）適量
／奶油，烹煮芥菜梗用
／芥菜苗，裝飾用
／蓬子菜花，裝飾用
／番紅花花絲，裝飾用

用細針確認洋蔥的熟度：要非常軟才行。把洋蔥對半切，並用芥末鹽和一些蓬子菜油調味。番紅花克菲爾隔水加熱 10 分鐘後，取一大份塗抹在盤子上。芥菜梗用一點點奶油復熱後，放到盤中。最後以少許芥菜苗、蓬子菜花、番紅花花絲和洋蔥表層裝飾。

NOTE —— 選蓬子菜要選莖上有很多花的，香氣最棒。

芝麻鹽（Gomasio）是日本的傳統調味料，以芝麻和海鹽做成。在這個食譜中，賽巴提恩把芝麻換成芥末籽。

芥菜梗的特性是相對甜的。相反地，芥菜葉的味道，則通常明顯強烈許多。

Volailles d'Alice
愛麗絲家禽養殖場

招待朋友的時候，賽巴提恩喜歡用三種雞內臟——雞肝、雞心和雞胗做三明治給他們吃。這些受歡迎程度通常不及雞柳、雞大腿或連翅帶皮雞胸（supreme）的部位，會被做成美味的肝醬，然後塗抹在酸種麵包上。賽巴提恩的祖先以前可能享用過「烤丘鷸」[5]（rôtie de bécasse），這是一道獵人農家料理，把整隻丘鷸和培根、紅蔥與一些香草一起烤。「我從小就相信整隻雞都可以吃，」賽巴提恩解釋。「當我們在家吃全雞時，我們一定會把雞架子留給我媽，這樣她就可以用刀尖小心把骨頭邊的肉全都剔下來。」

賽巴提恩必須努力爭取，才能得到分切雞肉的工作，就像他在拉加代勒的農場，把整齊收在麵包盒裡的當地麵包 Tourte 切成片一樣。Tourte 這種麵包很大，所以小孩會張開雙臂，圈成一個圓，假裝抱著它。切肉和切麵包通常是外公喬瑟夫的權利和義務。拿刀，以及確認每一份都切成均等這種大事可是重責大任「當我 10 歲時，我得到他們的允許，可以分切禽肉和把麵包切片，」賽巴提恩說。「當時我就站在桌子旁切肉，我認真地執行任務，同時發現所有人的目光都集中在我身上！」

在距離拉奇歐樂 90 公里（56 英里）的康塔爾山脈（Cantal mountains）中，農場經營者雷蒙（Raymond）兄弟把他們的農場建立在另一個兒時回憶中。「我們的母親名為『愛麗絲』，每個人都覺得她養的雞很好吃，這也是我們創立『愛麗絲家禽養殖場』的原因。」雙胞胎兄弟亞倫（Alain）和丹尼爾（Daniel）養了黃腳雞（pattes jaunes），這個品種來自法國西南部，生長速度緩慢，因為飼料是整顆的玉米而得其名。小母雞和肥育的雞（poularde）在這裡會養 4 個月，和其他帶有「標籤」，卻只養 40 天的雞不同。珠雞（Guinea fowl）則會飼養至少 150 天才宰殺。

賽巴提恩喜歡用優秀的當地土產——普拉尼耶亞麻色扁豆來搭配「愛麗絲的雞肉」。這種豆子產於奧布拉克的出入口——聖弗盧爾附近，當地海拔超過 1,000 公尺（3,281 英尺）。亞麻色扁豆在第二次世界大戰結束時還很普遍，但在 1960 年代卻消失了。據說，30 年後聖弗盧爾的市長皮耶·賈利爾（Pierre Jarlier）在農家面臨嚴峻的乳類危機時，主動提出讓農民維持生計的新方法，而成功復育了這種扁豆。在布蘇格神父（Father Boussuge）的幫助之下，市長在教區佈告欄貼了小小的廣告，農夫西比爾（Cibiel）家族打了廣告上的電話：1997 年時，他們在閣樓發現一袋種籽。事實上，這些種籽就是最後剩下的當地原生種，從來沒有成功再長出來過。他們向國家農業研究院（Institut national de la recherche agronomique；INRA）要了一些與這些扁豆類似的株系，並在試驗基礎上，種植這些扁豆。1999 年時，請米修·布拉斯和一些大廚同行試吃煮熟的扁豆，以留下三個最優秀，值得冠上「聖弗盧爾亞麻色扁豆」稱號的品種。

---

5 譯註：山鷸，又名丘鷸，為鷸科丘鷸屬的鳥類，是一種中小型涉水禽鳥，分布於歐亞大陸溫帶和亞北極地區。

黃／生產者／愛麗絲家禽養殖場

賽巴提恩把這些當地扁豆和珠雞的帶皮胸肉結合在一起，再加糖漬水果和一根西芹切丁，有時還會再添上萬壽菊乳醬與極少量的脂香菊（一種像薄荷口香糖，會讓口腔和舌頭有刺痛感的植物）。珠雞腿則會填入由香草、杜蘭小麥，以及不可或缺的食材——一把扁豆製成的餡料，燒烤後再切片。「我們不會把任何食材丟掉！雞骨會拿去熬高湯，增添風味，雞皮則是烤到酥脆，像美味的瓦片一樣，一起擺到盤上，而內臟則用來抹烤麵包片。」

但賽巴提恩不只是把黃腳雞煮成各種美味的佳餚，他還想幫助丹尼爾與亞倫，以及他們的養殖場。2017 年時，他成為管理者，和米修、瑞吉斯以及其他幾個世交，成為養殖場的股東。「我的心告訴我，我應該這麼做，」賽巴提恩說。「當時，因為好幾個原因，養殖場處於苟延殘喘的狀態。除非我們投入心力和金錢來資助兩兄弟，否則他們的事業就垮了。他們在道德上是絕對沒有問題的，且管理養殖場的方式也和我的想法一致：追求完美，且務農的形式是尊重時間、大地、動物與人類。所以我覺得要出手拯救他們。」

「愛麗絲家禽養殖場」有自己的規則，甚至比一些優質農場的現行規範還要嚴格：不使用基改飼料、不用化學物質、不施打抗生素，也沒有任何處方用藥。「而且讓雞隻沒有壓力！」雷蒙兄弟補充。「我們想要雞隻能夠慢慢生長茁壯。」牠們可以在開放空間嬉戲，且到處都有可以棲息的地方，符合牠們的原始本性。

因此，賽巴提恩是以非常正式的身分，管理這座家禽養殖場。「那是我身為大廚這個角色的一部分，」他說。「因為我取之於大地，就要還之於大地。有時，只單純透過我們的菜餚展示（動物）養殖者、（農牧）生產者和職人的工作成果還不夠；我們必須再多做一點，」他開玩笑說：「然後現在我有更多事要忙了！但，這很合理，一位廚師的工作不是從廚房開始，而是要從產地朔源。我們跟著亞倫與丹尼爾，一起養育牠們，這也使我們更了解禽類。」賽巴提恩的母親吉娜特認為他之所以擔下這份特殊的工作，絕非偶然。「賽巴提恩從小就想成為廚師或農人（養殖場主），只能說，一切都是天註定！」

煎愛麗絲雞內臟、
烤奧佛涅起司薯餅，
佐陳年拉奇歐樂起司脆片及烤青蔥

Volailles d'Alice chicken, seared giblets and grilled truffade,
with an aged Laguiole cheese crisp and grilled spring onions

這道雞肉「烤麵包片」沒有麵包，而是用「奧佛涅起司薯餅」（truffade）的金黃色脆皮當基底——「奧佛涅起司薯餅」是奧佛涅特色佳餚，用馬鈴薯和新鮮的多莫起司製成，在員工餐中，脆皮通常是最多人搶食的部分。

備料

雞肝 200 克
／雞心 200 克／雞胗 200 克
／粗鹽 50 克／鴨油 200 克
／大蒜 1 瓣，帶皮
／百里香帶葉小枝適量
／月桂葉適量

內臟 精修所有雞內臟，去掉皮、筋膜和脂肪。稍微把雞心剖開，然後泡在加了一點鹽的冷水裡幾個小時，以徹底清潔。中間須不時換水。將處理完的雞肝和雞心冷藏備用。雞胗和鹽放入碗中混合均勻，冷藏 6 個小時。

取出雞胗，徹底洗淨後瀝乾。把鴨油放入醬汁鍋中燒熱，接著放入大蒜、百里香和月桂葉，倒入雞胗，用小火煮 1 個小時左右，直到熟軟。雞胗連鍋一起置於一旁備用。

拉奇歐樂起司 100 克

起司脆片 將起司刨成厚厚的長條，攤在鋪了防油紙（蠟紙）的烤盤上，置於室溫乾燥 2 小時。這樣可以防止起司在加熱時化開，有助於保持脆片蕾絲狀的外觀。烤箱預熱至 180°C（350°F），放入起司烤 10 分鐘左右，直到變成淺金黃色。放涼後，輕輕地將脆片從防油紙上取下，置於一旁備用。

奧布拉克產的牛奶費塞勒白起司
（faisselle，新鮮的凝乳起司）
40 克／艾希爾起司 80 克

艾希爾起司與凝乳起司霜 將費塞勒白起司瀝乾一晚，去除多餘水分，直到質地變乾燥。把費塞勒白起司和艾希爾起司一起攪打成非常細滑的霜狀，置於一旁備用。

馬鈴薯 300 克，切成非常薄的片
狀／鴨油 50 克／新鮮多莫起司
（已經做好幾天的）100 克，
切成薄片／鹽和現磨黑胡椒

奧佛涅起司薯餅 馬鈴薯片用水沖洗過，再用廚房布巾擦乾。鴨油放到燉鍋（荷蘭鍋）中用中火加熱至融化。放入馬鈴薯片煎炸 10 分鐘至表面上色，把火力調小，加蓋煮到馬鈴薯熟軟。以鹽和黑胡椒調味後，將多莫起司片排在馬鈴薯片上。以小火讓起司融化後再攪拌。保溫備用。

上桌前擺盤

紅蔥 10 克，切末
／干邑（cognac）5 克
／大蒜 1 瓣，切碎
／青蔥 12 枝
／澄清奶油
（作法請參考第 80 頁）適量
／扁葉巴西利，裝飾用

使用長方形金屬模把奧佛涅起司薯餅切成 4 個 11×7×1 公分（4½×2¾×½ 吋）的長方形。用煎鍋乾煎奧佛涅起司薯餅塊，讓它呈現外酥內嫩的狀態。

在另一只煎鍋中，用大火和一些澄清奶油煎雞肝 1 分鐘，封住表面（裡頭還是粉紅色）。放入紅蔥炒到剛好散發出果香的程度。倒入干邑刮起鍋底精華。

再取一只煎鍋，用大火和一些澄清奶油煎雞心 1 分鐘，封住表面（裡頭還是粉紅色）。倒入大蒜，要小心不要讓蒜碎卡在雞心裡頭。

雞胗連同烹煮的油脂一起溫熱。艾希爾起司與凝乳起司霜放入小醬汁鍋中溫熱。

把一塊長方形的熱奧佛涅起司薯餅放在盤上，加上溫熱的艾希爾起司與凝乳起司霜，再把雞內臟擺在上頭。青蔥用熱烤架或平底煎烤鍋烤過後，放到盤子上。最後擺放拉奇歐樂起司脆片，以幾片扁葉巴西利葉裝飾即完成。

NOTE —— 務必確認雞內臟非常新鮮，並遵守清洗加烹煮一定要在 24 小時內完成的法則。

The guests 顧客

在 Le Suquet 的每一餐，都會以一個儀式——切開麵包並分食——揭開用餐的序幕。每張桌子上會擺放象徵性的物品：一小瓶能與大自然接軌的花、牧民用刀及寫了客人姓氏的球狀法國麵包（boule）。用來題字的「墨水」是炒洋蔥醬，而「筆」則是擠花袋。麵包透露了賽巴提恩的一個主要原則：他認為每一位顧客都是獨特的。

從巴黎來的客人珍妮（Jeanne）和吉雍（Guillaume）覺得他們好像步入了另一個時區。他們幾乎有股衝動，想要在每一道菜間，把手錶的指針往後或往前調。這兩位常客每年都會特地造訪餐廳一次。「我們是在更新自己的能量層級，」他們吐露。「Le Suquet 能洗去現代生活產生的污染。」他們像是拔掉一邊的插頭，轉插到另一個。可以偶爾體會慢下腳步、不疾不徐的生活，在牧草之間先暫且拋開工作這件事。

另組客人法蘭西絲（Françoise）和馬克（Marc）住在拉奇歐樂附近的村子，他們只需開車幾公里就能到餐廳，且他們很喜歡一些他們曾知道、現在仍熟悉、已經忘記的或剛認識的食材所帶來的驚奇。在蘇給之丘上的盛宴費用，是使用他們在當地彩券行贏得的頭獎（quine，晚間會開出 5 個中獎數字）。賽巴提恩喜歡做菜給當地居民吃，這樣可以加深他和 Lou Mazuc 的前顧客以及他們的後代，還有朋友之間的聯繫。這對中獎者開玩笑說：「朋友說在布拉斯的餐廳只有草可以吃！現在我們可以告訴他們，他們錯得離譜。」他們很期待下次能再來這裡慶祝特殊節日，且他們一定會再訪。

11 歲的奧洛拉（Aurore）是和爺爺奶奶一起從南錫（Nancy）來的。他們週末住在 Le Suquet，搭配「一泊二食」方案。這是她第一次來到這裡。兒童餐有「卡谷優」田園沙拉、烤奧布拉克牛排和巧克力岩漿蛋糕：三樣小朋友可以享用的經典菜色。用餐到一半，奧洛拉就像和她同齡時的賽巴提恩一樣，在拉加代勒的草原上奔跑，被各種滋味與氣味包圍。

還有一名來自馬賽（Marseille）的常客，他是紡織業的業務。為了表示友誼及感謝，他會送襯衫給米修和賽巴提恩。這對父子常常想起他，就像他們對其他有如候鳥般，會定時回來的顧客一樣。餐廳會在同樣的日期，等候他們大駕光臨。賽巴提恩為他設計了一道海陸雙拼，作為謝禮：把有名的「博塔加」（bottarga）——鹽醃烏魚子刨成薄片，放在蔬菜塔上。

在山丘上，他們很少使用「客戶」（clients）這個詞，而是用「客人」（convives）。換句話說，就是「在人生中，曾和您共度一段時光的人」。每一輪用餐時間，大概會有 70 名顧客。其中 20% 來自海外。週末時，會看到車牌開頭為「12」的車子——阿韋龍省的省號——停在入口附近。淡季時，餐廳擠滿了好奇的饕客；夏天時則是出現想要用雙腳探索這個區域，以及透過賽巴提恩菜餚的風味認識這個區域的遊客。在同一個空間裡，有穿著休閒的客人正吃著午餐，離他 3 公尺遠處，則是一對穿的像是要參加婚禮一樣，盛裝打扮的顧客。

為了讓這麼多元的顧客都感到滿足，「亞里戈」出場時就必須採取「外交折衷」的手段。

一個人的分量要多少才好？當地人已經習慣很大一份，因為這道用新鮮多莫起司和馬鈴薯做的特色料理，在當地通常會和烤肉一起搭成一份全餐。從其他地方來的顧客則比較喜歡小份一點的。最後由薇若妮卡做了決定：「亞里戈」現在的上菜方式是用小碗盛裝，就像一球漂亮的冰淇淋，美味又精緻，再加上賽巴提恩設計的多種調味料，讓美味更上層樓。

廚房的電腦螢幕證明了桌邊每位顧客都是獨一無二的，上頭會顯示各種備註：「女士不要生蠔」、「兩人不要大蒜」、「不要堅果，但椰子可以」、「先生不要甜菜根，女士不要酪梨」。由於 Le Suquet 已經專攻香草和蔬菜的學問數十年之久，他們也可為素食者、無奶製品純素者（不食肉、魚、奶或蛋）、嚴格純素者（不食任何動物製品，包括蜂蜜）和其他遵守無乳糖、無麩質、清真或猶太潔食等特殊飲食禁忌的客人，提供特製的餐點。「生日」和「結婚紀念日」的備註也常出現在電腦螢幕上。若是這些特殊場合，桌子上會點蠟燭，燭台是用白糖切製而成，就和尼泊爾的手工紙（Nepalese paper）一樣薄。

「在 Le Suquet，我們希望客人能享受全然的平靜祥和與自由，」薇若妮卡解釋。「曾經有一位男士起身跳踢踏舞，贏得其他客人的熱烈掌聲。也有過客人開始唱歌。我們會和客人一起分享他們的喜悅，我們想要這裡成為能夠表達情緒的地方。」

Le Suquet 是絕無僅有，不可能移居、輸出或複製的地方，但由布拉斯家族的共享意識所構成的質樸能量，影響在其他家族企業旗下餐廳的用餐者，像是在日本餐廳，和從 2021 年夏天起在巴黎的餐廳。1970 年代時，有位家人建議米修離開 Lou Mazuc，到香榭麗舍大道附近的一間餐廳上班，但米修拒絕了。然而，半世紀之後，米修同意在「皮諾私人美術館 - 巴黎商業交易所」（Bourse de Commerce – Pinault Collection）開設第一間充滿布拉斯精神的巴黎分店。「那是一個屬於文化和交流的地方，」賽巴提恩評論。「今日，遊客們來這裡欣賞皮諾先生的當代藝術收藏。過去，在 1767 年到 1873 年間，這棟圓頂建築物是玉米交易的場所，是農人與都市人交會的地方。正對面就是『巴黎大堂』（Les Halles），以前是『巴黎的肚子』。[6] 我們需要照著提案所講，在這座優秀博物館的頂樓，開一間具有全景的餐廳，並好好關注、傳達穀物的重要。」

「穀物大堂」（Halle aux Grains）餐廳的大窗戶看出去不是大自然和無遮蔽的奧布拉克高原，而是首都市中心；往左看，可以看到具有紀念價值的巨大彩繪圍牆，往右看，則可見到「方形廣場」（Place Carrée）的鋪石路面、林冠購物中心（Canopée des Halles）和聖猶士坦堂（Saint-Eustache）的鐘樓。服務生把一個倒蓋的碗翻過來，小心往內注入高湯，等著用餐者食用。拉奇歐樂刀在這裡出現，起司也是，奧布拉克純種牛同樣在這裡現身，搭配著扁豆一起端上桌。還有另一種穀類，疊在鑲滿其他蕈菇的白蘑菇（button mushroom）上頭：散落的黑胡椒晶粒燕麥。岩漿蛋糕也沒有缺席，除非您選擇的是向神聖筒狀糧倉致意的甜點：「在卡莎面紗下，是菊苣、馬林糖（meringue）、鷹嘴豆、豌豆苗還有椰子米漿」。蓋在巴黎屋頂上的一片奧布拉克，也同樣讓賓客著迷。

――――――――――――――
6　譯註：「巴黎大堂」的前身是供應全巴黎新鮮食物的中央市場，於 1971 年遭到拆除。

195

博塔加烏魚子洋蔥酥皮塔

Sliced Lézignan sweet onions on a traditional pastry base,
with a touch of salt and perfumed marigold

這道塔的基底是使用傳統老派的酥皮。放到層爐（deck oven）裡烘烤，具有有趣的質地，用於鹹甜料理中都很適合。

備料

麵粉 250 克 ／奶油 150 克 ／細砂糖 5 克／鹽 5 克 ／蛋黃 20 克 ／牛奶 50 克	**傳統酥皮麵團**　桌上型攪拌機裝上槳葉配件，把麵粉和奶油倒入攪拌盆中混合均勻。另取一碗，混合糖、鹽、蛋黃和牛奶。把碗中的混合物倒入麵粉奶油中，徹底拌勻。放入冰箱冷藏至少 12 小時。 隔天，把麵團擀成 2～3 公釐（約⅛吋）厚，再放回冰箱冷藏一晚，這樣可以確保麵團在加熱時形狀不會跑掉。 把麵團分成 4 個長方形，每塊尺寸為 17×9 公分（6¾×3½ 吋），重量約為 40 克。用保鮮膜蓋好，冷藏備用。
大蒜 1 瓣，壓碎／油漬鯷魚 25克，瀝乾／酸豆 30 克，瀝乾 ／希臘黑橄欖 260 克，去籽 ／橄欖油 70 克	**酸豆橄欖醬（TAPENADE）**　把大蒜、鯷魚和酸豆放入果汁機中，用「瞬速」（pulse）混合。倒入黑橄欖，再按一次「瞬速」。最後慢慢倒入橄欖油，就像在製作美乃滋一樣。完成後冷藏備用（使用前 1 小時需取出回溫）。
萊濟尼昂甜洋蔥 400 克 ／橄欖油適量／鹽和現磨黑胡椒	**洋蔥**　洋蔥去皮後切成薄片（愈薄愈好）。用鹽和黑胡椒調味。靜置 30 分鐘待洋蔥出水後，把水瀝掉，但不要沖洗。淋一圈橄欖油調味。
橄欖油適量	**組裝洋蔥塔**　用抹刀在每片長方形酥皮上薄薄塗抹一層酸豆橄欖醬，每份放上 70 克的洋蔥片。淋上些許橄欖油後，置於冰箱冷藏備用。

上桌前擺盤

草地蘑菇（field／meadow mushrooms）[7]100 克，切成薄片 ／「博塔加」烏魚子 50 克 ／豌豆莢 8 個和豌豆花 ／萬壽菊油適量／鹽之花	烤箱預熱至 220°C（425°F）。在烤箱底部上鋪一張防油紙（蠟紙），直接把塔放在防油紙上。再放一張防油紙在塔上，並用烤盤壓住，加熱 15～20 分鐘。烤好的酥皮應該會非常脆：加熱時間會因烤箱種類而有所差異。塔烤好後，每盤放一個，加幾片蘑菇，並刨一些「博塔加」烏魚子薄片在上頭。大醬汁鍋中裝鹽水煮沸後，放入豌豆莢汆燙，再撈起泡冰塊水冰鎮保持色澤，接著放到盤子上。最後以一些鹽之花、少量萬壽菊油、酸豆橄欖醬和豌豆花收尾。

7　譯註：一種長在草地上的野生可食用蘑菇。

Mountain streams 山中小溪

賽巴提恩在完成受牧草地啟發的創作（請參考第 144 頁），獻給以獸群和草原為依歸的牧民後，又在另一個地方找到樂趣：以奧布拉克的河流為出發點，創作出一道菜。整道菜是一股激流，裡面有細細的韭蔥條、拉姆森野蒜葉和蒜球，還有漿果薯蕷（black bryony，當地人稱為 respounchous，並認為這種植物是奧布拉克的野生蘆筍）的細枝俏皮點綴。河水是大蒜橄欖油香草湯（aigo boulido）製成的細緻高湯凍，賽巴提恩兒時常常在晚上喝這種湯，裡頭還會加字母義大利麵（他會用他的湯匙，一次撈出 4 個小字母，在熱湯碗的邊邊拼出他的名字：Séba）。這個記憶中的大蒜湯現在凝結不動，就像冬天裡的一條小溪。初春的香草從裡頭冒出來，而褐鱒也在裡頭游來游去。「河中之后」（鱒魚）已經先用鹽醃過，以粉紅色魚片的姿態繼續她的水中旅程。

這道菜是為了歌頌奧布拉克高原，那裡充滿了野生植物和水。春季融雪增添了水量，讓這個天然水庫足以供應此區大約 100,000 人的用水。多條小溪從高處往下流，流進洛特河（River Lot），當地人稱為「博拉爾德」（boraldes），與特呂耶爾河（River Truyère）匯流的河則沒有方言名稱。由於它們是從 1,000 公尺（3,281 英尺）的高度往下流，所以形成了一些出色的瀑布，其中包括在拉奇歐樂的「歐萊斯小瀑布」（Cascade des Oules），意思是「煮鍋小瀑布」（cooking-pot cascade）。水流翻過層層的岩石，就像從樓梯上跳下來一樣。週日下午常有許多家庭來溪邊野餐，欣賞美景。

溪水在正午太陽的照射下，讓奧布拉克散發閃閃動人的金黃。賽巴提恩從未忘記，小時候曾在薩蘭湖（Lake Sarrans）軟沙半島（soft sandy peninsula）的午後，玩得有多麼刺激。他的父母以前常帶他來這裡游泳，還有在類似峽灣的地方玩，而他現在也帶他的孩子來。偶爾他會依據法定的垂釣方式和當時可以捕捉的種類，規畫去湖泊、溪流和泥炭沼澤（peat bog）的釣魚之旅。「以前我們會和孩子們一起去捉蝌蚪，」賽巴提恩回憶。「我們把蝌蚪放在沿著飯店人行小徑流的溝渠裡，然後就會長成一小群青蛙！」

賽巴提恩從沒有釣過「溪流中的王者」——褐鱒（brown trout）和北極鮭魚，但他很敬佩那些有耐心、敏銳眼力、技巧卓越，以及抓準完美收竿時機的釣客。他取得這兩種魚的方式不是從山中小溪，而是向拉爾札克（Larzac）山麓上的養殖湖泊購買，那裡的用水和食物就像在野外一樣純淨與天然。這些鱒魚和鮭魚之後會養在廚房旁的魚池，依客人訂單才撈起烹飪。它們的風味與野生魚的風味一模一樣。誠如幾位懂吃的饕客，在品嚐之後所下的評論：這就是「和以前一樣的鱒魚」。

鱒魚的肉是透明的，皮則是淺淺的石灰色。奧布拉克人料理鱒魚的方式通常是和培根一起炸。賽巴提恩想讓這種傳統方法清淡一點，於是做了點改良：他把去除內臟的魚放在鍋裡煎 5 分鐘，然後將魚縱切成兩半，加上脆培根與奶皮裝飾。最後，把鱒魚放到烤箱烤 3 分鐘。這樣就可以結合農家與「博拉爾德」的風味，同時又讓魚肉保持細緻。

黃／奧布拉克／山中小溪

為了把一些海鮮納入菜單，賽巴提恩會跟位於羅德茲附近的「阿德霍爾德水產店」（Poissonnerie Aderhold）進貨，這家忠心的廠商已經和布拉斯做了幾十年生意。他的貨源嚴守季節以及永續漁產的規範，讓物種能有繁殖的時間。因此，菜單上的魚每兩個月就會更換一次。秋天的時候，可能是海鯛，夏天時則可能是大菱鮃（turbot），而且是用流刺網捕撈的方式，這樣能保護其他水生動物，同時也能避免魚因擠壓而受損。賽巴提恩也喜歡料理紅魽（Greater amberjack），日本人會吃這種魚做的壽司和生魚片，另一個喜歡的是魚鰭像翅膀的紅娘魚。這些頂級食材在 Le Suquet 全都保存在冰托盤中。曾經在夏天裡，一名助理廚師（commis chef）因為在旋轉烤肉架前工作實在熱翻了，所以開了這個冰櫃的抽屜，他盯著仔細排好的魚，每隻都有著鮮紅的鰓和亮晶晶的魚鱗，然後下了評論：「牠們讓我好想進去待在一塊兒！」

奧布拉克總是知道如何拉近大西洋沿岸與山區的距離。在戰後的那幾年，「阿德霍爾德水產店」每個月都會收到從紐芬蘭島（Newfoundland）運來的鹽醃鱈魚，那是拖網漁船在濱海布格涅（Boulogne-sur-Mer）捉的，接著透過貨運火車送到德卡茲維爾，再用堆高機（forklift truck）卸貨。所以，拉奇歐樂有自己的魚攤，而鱈魚又是大齋期特殊飲食（lean Lent meals）中特別推薦的食材。據說，這些漁獲輸入的活動可追溯回法荷戰爭，當時統治的君王是路易十四。在北海捕撈的漁獲，會先裝到平底船（flat-bottomed boat）上，經由加龍河（Garonne）和洛特河運到從蘇給之丘走陸路要 80 公里（50 英里）的德卡茲維爾。鱈魚吊在船尾的繩索上，在淡水河中洗去當初保存時外加的鹽巴。這種堅硬如棒子的魚，英文稱為鱈魚乾（stockfish），能做出西南法的一道魚泥（brandade）料理——馬鈴薯鱈魚泥（estofinado）——和之後賽巴提恩創作的多道菜色。例如，「巴斯克地區鱈魚中腹排佐黑芝麻醬、結頭菜絲、楜梓豌豆苗醋與星芹（與甜茴香有關的野生植物）」，這道菜在 Le Suquet 的菜單上特別標明為「阿韋龍省特產」，以證實這個當地流傳的故事——在同樣一條山中小溪裡，鱈魚和鱒魚的地位相等。

黃／奧布拉克／山中小溪

202

聖昂代奧勒湖（Saint-Andéol lake）

大蒜高湯浸褐鱒，
佐野蒜、漿果薯蕷嫩葉及蒜花

Brown trout in garlic broth, Le Suquet wild garlic,
young black bryony leaves and garlic flowers

早春，在美洲豬牙花出現沒多久後，拉姆森（野蒜）就會開始在山毛櫸下開花了。在距離廚房 800 公尺（2,625 英尺）的謝爾夫溪（La Selve stream）旁採摘這種蒜，是每日的樂趣所在。我們在春季頭幾趟散策時，也採了漿果薯蕷。

備料

褐鱒 2 條／鹽 100 克／細砂糖 100 克	**鱒魚** 仔細去除鱒魚的魚鱗後，在肚子剖一刀，清除內臟，小心不要把魚肉弄破。用片魚刀沿著背骨下刀，取下魚排，用鑷子夾出所有細刺。 把鹽和糖混合。將鱒魚排放在烤盤上，每面大量撒上鹽糖混合物，靜置 10 ～ 15 分鐘，時間長短會因魚排厚度而異。快速用冷自來水沖洗一下魚排，去除多餘調味料。用廚房紙巾拍乾後，冷藏備用。
大蒜 4 瓣／紅蔥 2 顆／韭蔥 2 根／野蒜葉和蒜球適量／月桂葉、丁香和百里香適量	**大蒜高湯（GARLIC BROTH）** 剝去大蒜和紅蔥的皮，如果有發芽，也請一併去除。韭蔥清洗、摘掉老皮枯葉後，去除蔥綠的部分，然後將蔥白縱切成一半並略切成大段，在自來水下沖洗乾淨。 取一醬汁鍋，將所有煮高湯的食材和 1 公升清水倒入鍋中混合。用中火煮到冒小滾泡後，改文火慢燉 20 分鐘。高湯過濾後保溫備用。
漿果薯蕷嫩枝 12 根／白酒醋適量	**漿果薯蕷** 漿果薯蕷嫩枝用加了一點點醋的清水洗淨。把嫩枝切成 5 ～ 8 公分（2 ～ 3 吋）的小段。如果莖有太多纖維，就只留上半部幼嫩的部分。置於一旁備用。
拉姆森嫩芽、葉和蒜球適量	**拉姆森（野蒜）** 修整野蒜莖，並清掉所有泥土。莖和蒜球都洗乾淨後，冷藏備用。
嫩韭蔥 2 根	**韭蔥** 韭蔥洗淨後，剝掉外面的葉子。大醬汁鍋中裝鹽水燒滾，放入韭蔥煮約 3 分鐘。撈出泡冰塊水冷卻，切成 3 ～ 4 公分（1¼ ～ 1½ 吋）的小段。

上桌前擺盤

| 寒天 0.2%（2 克兌 1 公升高湯）／奶油 30 克／蒜花，裝飾用 | 褐鱒魚排切成小塊，擺在盤中。大蒜高湯秤重後，加入重量 0.2% 的寒天拌勻。把高湯煮滾 15 秒後，直接倒一些到盤中。在高湯凍成型時，請不要移動盤子，溫度需降到 35 ～ 40°C（95 ～ 104°F）時，寒天才會定型。在煎鍋中，用一點奶油把漿果薯蕷嫩枝和嫩韭蔥熱一下，接著和野蒜葉、野蒜球和蒜花一起放到盤中，趁溫熱時食用。 |

NOTE —— 請務必使用非常新鮮的鱒魚來做這道菜。

漿果薯蕷是常見且分布相當廣泛的野生植物，但只有阿韋龍省的某些地區會食用。春季趁鮮嫩時採摘，嫩枝具有相當獨特，有點像媆縈（viscose）的質地。

從餐廳入口看出去的景緻

RED 紅

如同阿根廷的蒙特沙漠（Monte Desert），上頭的岩石被雕刻成各種圖騰，這裡是賽巴提恩在擁抱他的事業與使命之前，反思和下定決心的地方；他以所需的 1,000°C 紅色火焰鑄造鋼刀後，將這把刀獻給他的鐵匠祖父；也像是松木霹啪作響所傳來的金色亮光、旋轉烤肉架上的火焰，吞捲著多塊品質精良的奧布拉克放牧牛肉；更是賽巴提恩想像中的秋天之火，能夠啟發冥想與靈感。

像是杏仁櫻桃甜點，它是為餐廳帶來米其林三星殊榮的一份子，賽巴提恩也因為這道甜點而感受到創作的自由，以至於日後做出歸還三星的決定。這道甜點的口味像是搭配野味的柳橙杜松子調味品，或是雨後採回來的蕈菇上還有法式果仁糖、咖啡和森林莓果（forest-fruit）的香氣，也似營業季末的豐收慶典，如同《阿斯泰力克斯歷險記》（Asterix）裡的其中一場歡樂盛宴。

Blacksmiths 鐵匠

如果布拉斯爺爺當初開的不是餐廳，而是把注意力放在其他行業，那麼賽巴提恩的命運又會是如何呢？1954年，這位勇猛的「阿韋龍人」——背和鋼條一樣堅硬、手臂和雙手與大腿一樣寬——對於要和太太安琪兒在拉奇歐樂做什麼生意，猶豫不決。頭兩年他在「集市廣場」上經營的蹄鐵工作室，生意愈來愈差。雖然奧布拉克最大的市鎮依舊會在這裡舉辦熱鬧的市集，農人們也還是需要有人修理他們的犁，但手工製造業正在沒落，這個行業即將消失：牽引機取代了母馬，牛群的數量減少，連接用的杆與螺栓不再由工匠打造，而是改由工廠統一製造。鐵匠們改學新技能，成為水電工、鎖匠、汽車修理廠老闆或農業技工。

經過一連串的事件後，布拉斯爺爺發現一間咖啡／雜貨店外掛著「出售中」的告示牌，內心萌發了一個想法——他想成為餐廳老闆。接下來的10年，直到Lou Mazuc在1964年發展為旅館之前，他偶爾還是會幫人製作或修理鐵製零件，同時一邊招呼來餐廳的客人。爺爺從未失去他對形狀與原料的專業、敏銳的眼光、細膩嫻熟的技巧，還有耐心與謙遜。

賽巴提恩在他Le Suquet的辦公室裡，至少有三箱刀具。「我愛這些工具，所有的生產線、用途還有年代我都愛。我會根據我當天的心情，在上工前挑一把，用磨刀石磨利，讓我隨時可以用來切肉，或幫菜餚做最後修飾。磨刀是一個儀式，不只是因為我討厭沒辦法切東西的鈍刀，也因為這個過程可以讓我專心。」

一邊逐漸收窄的刀身：這是肥肝刀。「我會把它泡在熱水裡，這樣切肥肝的時候，就能像切奶油一樣，」賽巴提恩說。當你看見一把末端有缺口的刀，那把刀往往就是意外現場的目擊者：某天，有人拿刀尖來硬開果醬的蓋子而造成刀上的缺口。不過另外還有一把刻意做成鈍頭的刀，是賽巴提恩的兒子阿爾班小時候的第一把刀，這樣才能避免他受傷。

在賽巴提恩的收藏中，有些老古董也偷偷地混了進去：布拉斯爺爺親手製作的直刀。以前，布拉斯爺爺常待在與Lou Mazuc廚房只有一門之隔的工作室。賽巴提恩也常常待在這裡，就像他在拉加代勒園圃做的事一樣。他會穿梭在鋸子和耙子之間（他的左手掌還留著疤）、用手指頭滑過工作檯、把大頭槌取下來，還有用刨子——或假裝要用——使勁地刨金屬棒，直到有小薄片掉下來後，小賽巴提恩就會開始摸索這個金屬小薄片可以有什麼功能？結果當然是完全找不到任何用處，但小賽巴提恩會因為自己動手打造了這些工具，而感到很神奇。

當然，布拉斯爺爺此刻會出現，低聲嘀咕：「這東西不是這樣用的！」做為一名生產者，爺爺不會輕易滿意他人的成果。「他其實是一個很大方的人，只是不曉得怎麼表現出來。」賽巴提恩解釋。

「我的祖父喜歡把事情做好，這是他與生俱來的才能。」賽巴提恩繼續補充。「我們是廚師，但最重要的是，我們喜歡修修補補。我父親也很喜歡手作。製作馬鈴薯鬆餅的第一個『溝槽』（第164頁）就是出自布拉斯爺爺之手。同時，我的叔叔安德烈，也發明了許多項讓生活更加便利的器具（第177頁），而我的弟弟威廉則是做了第一個米旺模具（第98頁）。」

賽巴提恩從他的收藏中抽出來自其他國度，同時加入他個人標記的刀。2005 年去日本時，他和米修與遠藤宏治（Koji Endo）展開了一項合作企畫。遠藤是關市（Seki）一名刀匠的孫子，關市是位於名古屋北邊的一個城市，生產武士刀的歷史很悠久。這兩位廚師與工匠一起創作出一系列的刀具，其中最讓人印象深刻的是「三德刀」（santoku）。這把夢幻刀具的名字代表著「三個美德」：刀身用來切片、切碎和剁成末都一樣好用。

在賽巴提恩數百把刀具收藏裡，還有一件神聖之物：拉奇歐樂刀。這是一把傳奇性的實用工具，在 1820 年代發明，靈感來自一件名為 capuchadou 的西班牙工具，當地牧民會用拉奇歐樂刀來切麵包或修剪樹枝，以及遇到狼攻擊時，抵禦防身用。某些型號上頭還加了開瓶器，以符合第一代阿韋龍人要在巴黎開咖啡廳的需求。有時，把手上會刻十字架：牧民需要禱告時，只要把隨身帶的刀插進樹墩即可。

拉奇歐樂刀在二戰後便停止生產，位於多姆山（Puy-de-Dôme）的蒂耶爾區（Thiers，法國中南部城市）雖然接手了新型號的生產，但奧布拉克的牧民還是比較喜歡使用祖先遺留下來的那些傳統老刀，又或者是在阿爾卑斯山上製造的「歐皮耐爾」（Opinel）牌刀具。一直到了 1980 年初期，這項鐵匠技藝才又回到拉奇歐樂的村子。接下來的數十年，國際需求飆漲，市面上出現許多中國製或巴基斯坦製的山寨版，但品質只屬一般，不夠精良。

「拉奇歐樂刀是我的老旅伴，」賽巴提恩說。「父親在我結婚時給了我一把由大師級工匠設計的、很棒的刀。之前，在我還是小孩時，有一把常用的，我一點也不怕弄傷自己，我會拿它來做弓箭或製作我們架在河上的水磨葉片。雖然當時還是個孩子，但手裡握著刀，讓我覺得跟大人一樣！」

1987 年，餐具品牌 Forge de Laguiole 在蘇給之丘的山腳下成立了，目的是把生產的一部分搬到這裡，並保護這門工藝。布拉斯家族眾人團結起來，為了這間新工廠貢獻己力：米修的弟弟安德烈是技術總監，負責刀具的原型，而賽巴提恩和米修則資助了一個系列刀具。刀身可以看出拉奇歐樂刀的靈魂，它的刀尖彎曲成鴨嘴狀。而刀柄的選擇也讓人傷透腦筋，目錄上有各種組合：林木、珍木（玫瑰、開心果、橄欖）、肩峰牛（zebu）、水牛或公羊的角（奧布拉克牛的牛角不能用，因為是空心的）、珊瑚、長毛象的象牙化石、古董（甚至連建造巴黎鐵塔的結構元件，都曾用來打造一名收藏家的刀子）。

最後，他們終於決定刀柄的材質：石頭紙（Paperstone），也就是經過重壓的紙。事實證明，這種材質和黑檀木一樣堅固、舒適，手感極佳，同時也能讓廚房負責洗碗的雜務工更方便工作。最後，還有一把最獨特的刀——賽巴提恩把它和其他收藏分開放。這把刀是他借助爺爺的錘子和鐵砧，在叔叔的監督之下，親手打造的。為了做出鍛接紋刀身（pattern-welded blade），賽巴提恩使用了處理千層酥皮般的手法來鍛造金屬。

這把刀的鑄造程序和日本傳統刀具相同，共會使用兩種金屬，一種非常銳利，但容易斷，另一種則紮實許多。每一層金屬經過加熱後，用錘子打扁、反折，再加熱，再打扁；整個過程一次又一次，不斷重複，直到累積到將近 140 層為止。接著將積層金屬放到油中冷卻（淬火，quenched）和回火（tempered），讓刀身變藍色，再磨利與拋光。他在火邊待了好幾個小時才完成所有程序。賽巴提恩說，「製刀，讓我重新找回了先人的工藝。」

烤羊心，釀甜洋蔥和烤麵包汁

Grilled lamb heart,
stuffed sweet onion and toasted bread jus

在餘燼上烹調讓賽巴提恩想起祖父在火裡加熱金屬。同時，這道菜裡的烤麵包汁，則來自他的祖母。她以前常用烤到焦香的麵包來增添料理的風味，例如她做的法式蔬菜湯和起司湯。

備料

乾硬的酸種麵包 2 片 ／培根 80 克 ／蔬菜高湯 200 克 ／淡鮮奶油 40 克 ／橄欖油 16 克 ／蔬菜高湯或水，視情況添加 ／鹽	**烤麵包汁** 將烤箱預熱至 150°C（300°F）。麵包放入烤箱烤 20 分鐘，需要烤到顏色非常深，但不是焦黑，不然會有強烈的苦味。麵包冷卻後，放在網篩上壓，以取得 25 克的細麵包粉，這是要用來融合汁水用的。 將培根分別放到兩個煎鍋中，用小火加熱 3 分鐘，慢慢逼出培根的油，直到顏色剛要開始轉為金黃。用廚房紙巾吸掉多餘油脂。 把 25 克的麵包粉、煎好的培根、蔬菜高湯、淡鮮奶油和橄欖油一起放入醬汁鍋中，加蓋用小火煮到麵包泡發。用果汁機打勻後過濾。如有需要，可加一點蔬菜高湯或水稀釋，最後加鹽調味，置於一旁備用。
大型洋蔥 2 顆／蛋 1 顆 ／豬五花 100 克，切碎 ／巴西利 5 克，切碎 ／老羅德茲起司 50 克，切碎 ／乾硬的麵包 60 克，泡水後， 擠乾水分再切碎 ／蒜瓣 2 克，切碎 ／鹽和現磨黑胡椒	**包餡甜洋蔥** 洋蔥去皮後，每顆切成四等份。挑出最好看的 12 片。醬汁鍋中裝鹽水燒滾後，放入剩下的洋蔥。等洋蔥煮熟後，用果汁機打成滑順的洋蔥泥。用紗布（起司濾布）瀝掉洋蔥泥的多餘水分，讓它變得相當乾燥，取 20 克備用。 醬汁鍋中裝水燒滾後，放入雞蛋煮 6 分鐘至半熟。沖冷水冷卻並剝殼切碎。 把蛋和所有其他材料倒進洋蔥泥拌勻，以鹽和黑胡椒調味。用預留的 12 片洋蔥把內餡包起來，以料理繩固定，冷藏備用。
柳橙 2 個／砂糖 70 克	**糖蜜橙皮粉** 用削皮器取下橙皮，盡可能避開白髓。大醬汁鍋裝水煮滾後，放入橙皮條汆燙 20 秒。 把糖和 280 克水放入醬汁鍋中混合均勻，一起煮滾成糖漿。多滾 30 秒後，把橙皮泡入糖漿中，用小火煮大概 1 小時，直到糖漿變濃稠。將烤箱預熱至 80°C（175°F）。瀝出橙皮，放到烤盤上，送進烤箱乾燥 4 小時，注意不要讓橙皮烤上色。等橙皮完全乾燥後，放涼，再用果汁機打成粉末。
羊心 4 顆／鹽	**羊心** 上桌前數小時，先在羊心上灑鹽，放入冰箱冷藏備用。這樣可以確保羊心肉質非常軟嫩。用烤肉籤將羊心串起，會比較方便拿取。

上桌前擺盤

奶油，煎洋蔥用 ／鹽之花和現磨黑胡椒 ／香椿葉，裝飾用	將烤箱預熱至 150°C（300°F）。把一小塊奶油放入煎鍋中，以中火融化，接著放入包餡洋蔥煎 3 分鐘至上色。將洋蔥移到深烤盤中，放入烤箱烤 10 分鐘至稍微軟化。用小醬汁鍋溫熱烤麵包汁。把羊心放到溫度非常高的炭火燒烤爐上，每面烤 1 分鐘，需要保持非常軟嫩的程度。將所有元素擺盤，撒上糖蜜橙皮粉、一些鹽和黑胡椒，並添上幾片香椿葉即完成。

Autumn 秋

秋往往是令人滿意的狀態，尤其當廚房繁重與忙碌的工作已經漸漸趨緩平和，但賽巴提恩總會充分利用這個季節，直到最後一刻。

回想起前幾週——甚至前幾年，他覺得很有成就感，他的思緒又回到快樂的童年回憶。

Le Suquet 正從夏日最後的餘燼跨到火爐生的第一把火。賓客們停留在客廳，手裡拿著開胃酒，享受從窗戶照進來的最後幾道暖陽日光。

從八角窗看出去，樹林像著火一樣，從翠綠轉為豔紅。這場「火」只會延續幾天。陽光依舊猛烈，但每天都比前一天更早一點下山，原本閃閃發亮的反射，現在變成失去光澤的金色。樹林像是一件精緻的家具，現在被秋意鍍上銅綠色。

拉加代勒園圃種植了甜菜根、胡蘿蔔、衣索比亞芥末、大根（蘿蔔）、菠菜、野苣（cornsalad）、青江菜、珍珠洋蔥（pearl onions）、各式各樣的瓜類、蕪菁和韭蔥。還有香草們，金鈕釦、土荊芥（墨西哥茶葉）、冰花、酢漿薯（oca）和花椒。

廚房裡，眾人的高昂興致持續到 11 月中的最後一次營業。團隊在阿韋龍的村公所辦了一場派對好好慶祝。要離開拉奇歐樂的人，詢問著職涯下一步的建議或是冬季可以工作的地點。而剛抵達這裡，要在下一個營業季[1]工作的人，則先試用 3 天。

秋季的風味像是用來搭配野味的柳橙杜松子調味品，或用焦化奶油低溫泡煮，或用甜三葉草花增添風味的西洋梨，也像核桃、榛果與其他散發出林下苔蘚氣味的植物。

秋天時節的回憶，有著賽巴提恩小時候常和剝豌豆一樣去殼的欅果（beechnut），騎登山越野車，還有和朋友常在森林裡尋找雄鹿的低吼與叫聲。

1　譯註：Le Suquet 每年的營業時間為早春～秋天中期，稱為一個「營業季」（season）。

秋季，Le Suquet 附近的森林景色

秋季‧從 Le Suquet 看出去的景緻

水果塊、南瓜籽、澄清奶油鹿肉排

Venison fillet with local butter, timut pepper, pumpkin seeds
and butternut squash browned in lard

奧布拉克有大量、種類繁多的野生動植物。尤其「鹿」在此區終年可見，但在秋天特別多。冬天時，因為高原被雪覆蓋，所以不常看到動物在餐廳窗戶底下找尋和咀嚼乾草的景象。

備料

細砂糖 250 克／八角 1 顆／檸檬汁 1 顆量／西洋梨 2 顆，去皮去核後，切成四等份／蘋果 2 顆，去皮去核後，切成四等份／榲桲 2 顆，去皮去核後，切成四等份

壓縮水果（COMPRESSED FRUITS） 將烤箱預熱至 55°C（130°F）。前一天，先製作糖漿。把糖和 700 克水倒入醬汁鍋中煮滾。放入八角和檸檬汁，浸泡幾分鐘，等待出味。

把水果分批放入滋味豐富、帶點微酸的糖漿中，以文火泡煮，一次煮 10 分鐘。當水果煮到理想的軟度時，撈起瀝乾後，放到開了旋風功能的烤箱中，乾燥 12 個小時。水果乾燥所需的時間，會因烤箱種類而有些微不同。出來的成果需仍帶點軟度。把水果塊從烤箱取出，放在兩張防油紙（蠟紙）之間，小心把水果壓到剩下 2 公釐（$\frac{1}{16}$ 吋）的厚度。

鹿骨 1 公斤／胡蘿蔔 50 克，切碎／洋蔥 50 克，切碎／韭蔥 50 克，切碎／西芹 50 克，切碎／法式香草束 1 束／葵花油，烤肉用

鹿骨清湯 把鹿骨泡在冷水中 1 小時，去除雜質血塊。用肉錘把骨頭稍微敲裂。將烤箱預熱至 220°C（425°F）。在骨頭上刷點薄薄地葵花油，然後放到深烤盤中，進烤箱烤 20 分鐘。當骨頭呈現漂亮烤色時，把胡蘿蔔、洋蔥、韭蔥、西芹和香草束也放入烤盤中，再繼續烤 10 分鐘，直到蔬菜稍微上色，接著往烤盤中注滿水，並把溫度降到 120°C（250°F），加熱 3 ～ 4 小時。

將煮好的汁水過濾到醬汁鍋中，收汁到理想的稠度，讓其風味濃縮，製成的清湯再次過濾後，放入冰箱冷藏備用。

奶油南瓜 1 個，去皮／豬油 100 克／細砂糖 30 克／榛果油 15 克／鹽

奶油南瓜 用餅乾模把奶油南瓜切成直徑 1 公分（½ 吋）的小圓柱體。把豬油放入煎鍋中，加熱到融化，放入 300 克水、糖、榛果油和少許鹽。將圓柱體奶油瓜放入鍋中，文火泡煮 5 ～ 10 分鐘至軟化。

蛋白 30 克／南瓜籽 100 克／鹽之花

南瓜籽 將烤箱預熱至 70°C（160°F）。蛋白用打蛋器攪拌至起泡。南瓜籽沾裹上蛋白，且瀝掉多餘部分後，加點鹽之花調味。將南瓜籽倒在舖了防油紙的烤盤上，攤平，放入烤箱乾燥 1 小時。保持乾燥，置於一旁備用。

培根 50 克，切絲／洋蔥 100 克，切碎／甘草棒 2 根／班努斯酒醋（Banyuls wine vinegar）100 克／鹿骨清湯（作法請參考上方）750 克／奶油 30 克／黑巧克力 10 克

鹿肉醬 把培根絲放入醬汁鍋中，以中火煎至油脂呈透明。倒入洋蔥，炒到軟化變透明，接著放入甘草棒。用班努斯酒醋刮起鍋底精華，收汁到液體量剩一半後，倒入鹿骨清湯，再收汁 10 分鐘，直到呈現可裹附食材的稠度。醬汁過濾後再倒回醬汁鍋中，用小火溫熱，放入奶油拌勻，最後放入黑巧克力攪拌均勻即完成。

上桌前擺盤

鹿肉排 600 克／澄清奶油（作法請參考第 80 頁），烹煮鹿肉用／花椒葉，裝飾用／青色和黑色山椒葉，裝飾用／葡萄柚花椒莓葉，裝飾用

將烤箱預熱至 150°C（300°F）。鹿肉排用澄清奶油煎到整塊均勻上色，接著放入烤箱加熱 10 分鐘。完成後，自烤箱取出，靜置 10 分鐘。將肉排切成四等份。

把壓縮水果塊和圓柱體的奶油南瓜擺到盤上。放上一塊鹿肉，用南瓜籽和溫熱的醬汁調味。最後以幾片椒類的葉子裝飾。

Cooking probe 烹飪探針

「2010 年時，父親交給我一個珍貴的物品，同時還附了一張紙條，」賽巴提恩說。「這個心意滿滿的禮物，象徵父親想把餐廳和他的料理交給我的心願。他已經把直接通往餐廳的辦公室給我了，自己則搬到另一間比較僻靜的房間。現在，他又把這個屬於我們歷史一部分的廚房用具交給我。那是一隻烹飪探針，一隻有軟木塞握把的金屬棍子。在父親擁有這支探針前，它的主人是布拉斯奶奶，它就像根魔法棒一樣。」

賽巴提恩現在是這隻探針的保管者，在這幾十年間，已經使用它測試過上千片肉，刺穿火爐上烤的厚片奧布拉克牛排肌理、燜烤全珠雞、羊肉、鴨肉，和兔肉。科技把電子溫度計帶進廚房，其中有些非常先進，只要設定好肉的種類，把溫度計的金屬探針插進肉中，等待「嗶～」一聲響起即可。但與其相信科學精準測試，賽巴提恩還是比較相信自己的直覺。一塊肉、魚或蔬菜所需要的烹調溫度，會因為它的年齡、熟成度、季節和其他因素而有所不同。沒有半枝溫度計（即使很精密複雜），能取代料理人對於食材的精準度。

數位探針的優勢是能顯示最準確的溫度度數，但它並不能真正導致好的結果，因為它只記錄了肉中心的溫度。相反地，「手動」金屬探針則可以分析整塊肉，從中心到外圈，每一層肌肉都會在長長的探針上留下自己的溫度。這就像「冰芯」（ice core），一層接著一層，透露著地球氣候變遷的資訊。賽巴提恩把探針滑過他的下嘴唇：馬上就能知道一塊肉的熟成度如何——而且是整塊肉的各個部分。

Le Suquet 廚房裡，旋轉烤肉架上正轉著切成大塊的牛肉。負責的廚師眼睛盯著好幾個計時器，每一個都和烤肉叉上的某塊肉有關。賽巴提恩用可擦拭的麥克筆，在不鏽鋼牆上記錄開始烹調的時間。同時，其他幾位廚師正用乳清奶油煎著不同部位的肉。所有煮熟的肉，都放在賽巴提恩所站的「出菜口」（pass）附近。肉類保存在 35°C（95°F）的盒子裡，可以休息、吸回肉汁，同時留住最外層的熱度，而羊肉則可以靜置半小時再切。

為了判斷把肉、搭配的蔬菜、醬汁與調味品放到盤子上的正確時機，賽巴提恩會倚賴他的金屬探針。他把探針插進肉裡，等 5 秒鐘，然後取出碰觸自己的嘴唇。他用他的感覺來理解食物內部的情況。如有需要，他會把肉放回保溫箱幾分鐘。有一說是一隻好的烤雞，從出色到不同凡響，僅差 10 秒鐘，反之亦然，短短 10 秒鐘，也可以讓極佳變成到普通。

在出菜口，肉被撒上粗鹽和細鹽調味，粗鹽讓牙齒咬到鹽粒結晶時，能感到脆脆的，而細鹽則會滲透到肉裡面。另外還會再撒上胡椒：由三星主廚奧利維耶與雨果・侯艾朗傑精挑細選，從馬來西亞婆羅洲（Borneo）進口的砂勞越黑胡椒（black Sarawak pepper），帶有類似樹脂的果味，能在味蕾上縈繞。此外，加上拉加代勒菜園的青花椒，會在味蕾產生有趣的效果——感到刺刺麻麻的同時又熱熱的。

完美的烹調、完美的調味，賽巴提恩監督著所有和肉有關的操作，或是自己親自執行。他有他自己的金屬探針，他把它插在砧板邊邊的一罐粗鹽裡，隨時伸手就能取得。而米修送給他的祖傳寶物，已經不用於廚房的日常工作了，而是改供在辦公室的角落，像護身符一樣。

烤奧布拉克放牧牛，
佐黑糖蜜與克拉帕丁甜菜根

Rotisserie-cooked Aubrac freerange beef
with black-sugar glazed Crapaudine beetroot

在 Le Suquet，有很多烹調是靠直立式旋轉烤肉架完成的，它可以釋放出非常高的溫度，完美封住肉的表面，使其焦糖化，進而產生獨特的風味。操作這種烤架需要嫻熟的技術，否則容易讓肉塊過熟，而且肉在烹調後需要相當的休息時間，這樣切的時候才不會血水四溢，同時也能保持鮮嫩。甜菜根在這道菜中，採用同樣的烹調方式，會具有微微的焦糖風味。

備料

牛肩胛肉（beef chuck steak）1.5 公斤，切成大塊／粗鹽 18 克／葵花油 2 大匙，預留一些分量外的烹調牛肉用／胡蘿蔔 100 克，切片／洋蔥 80 克，切片／韭蔥蔥綠 50 克，切片／大蒜 3 克，切碎

法式牛肉清湯 在牛肩胛肉上撒粗鹽，放入冷藏靜置 24 小時。

煎鍋裡倒油，用中火燒熱後，放入蔬菜和大蒜炒至上色，盛出備用。接著再倒一點油，放入牛肉，煎到均勻上色。

把牛肉放入醬汁鍋，加入蔬菜，最後倒水，文火煮 2～3 小時到肉熟透。將高湯過濾到另一個醬汁鍋，收汁到剩下一半的量，或煮到味道感覺夠濃了就熄火。煮湯的肉可以留下來，做成「農舍派」（牧羊人派）等其他料理。

紅酒醋 500 克／馬斯科瓦多黑糖 100 克／班努斯酒醋 100 克

濃縮醋 把所有材料倒進醬汁鍋，用中火濃縮成糖漿狀。收汁成相當稠度時，改為最小火，以免燒焦。

去皮切碎的薑 2 克／法式牛肉清湯（作法請參考上方）60 克／濃縮醋（作法請參考上方）30 克／鹽 3 克／芝麻油 40 克／葡萄籽油 70 克

牛肉油醋醬 取一小碗，將薑、法式牛肉清湯、濃縮醋和鹽混合均勻。先把兩種油倒在一起，再和前一步驟的混合物一起用打蛋器攪拌均勻。

「克拉帕丁」甜菜根 4 個，去皮／馬斯科瓦多黑糖 50 克／濃縮醋（作法請參考上方）60 克／薄鹽奶油 50 克

甜菜根 大醬汁鍋中裝鹽水煮滾後，放入甜菜根汆燙 3 分鐘。甜菜根需要保留一點硬度，因為之後還要烤。把黑糖、醋和奶油倒入另一個醬汁鍋中煮滾，這是待會烤甜菜根時，要刷在上頭的蜜汁。

上桌前擺盤

側腹牛排（beef flank steak）1 塊／奶油 1 小塊／豬油 100 克／鹽之花和現磨黑胡椒

將旋轉烤肉架加熱到非常高溫。牛肉用烹飪棉線綁成粗細一致的肉塊，但不能綁太緊，因為這個部位的肉質滿軟的。在煎鍋裡加奶油，把牛肉每面煎到微微焦黃（之後烤肉時，顏色會變更深）。

把牛肉和甜菜根用長烤肉叉串好，放到旋轉烤肉架上加熱，烤甜菜根時，需定時塗上蜜汁。烹煮時間需視烤肉架的熱度和牛肉的大小而定，若要確認熟度，可用細金屬探針檢查肉中心溫度。

把豬油融化後，倒入注油管（flambadou／fat baster）。肉快要烤好時，在牛肉上淋融化的熱豬油。當牛肉中心剛好變溫時，從烤肉架上取下，讓肉靜置休息 10 分鐘。在這段時間，用熱慣性（thermal inertia）來持續烹調肉品。

盤子上放 1 大匙的牛肉油醋醬。牛肉切成厚度 2 公分（¾ 吋）的片狀，撒上鹽之花和現磨黑胡椒調味。甜菜根也切片擺到盤上，再淋一些剩下的濃縮醋，即可上桌。

Grape harvesting 採收葡萄

Le Suquet 的營業季在阿斯泰力克斯式（Asterix-style）的盛宴下，暫時劃下句點，整個村子裡的人都會坐在 20 公尺（65 英尺）長的樺架桌邊，一旁還有個小牛頭（不是野豬頭）正在烤肉叉上旋轉烤著。

這個儀式會在 10 月的第三週舉行，地點是普拉久勒（Plageoles）家族在加雅克（Gaillac）北部「特雷斯坎托斯酒莊」（Domaine des Très Cantous）裡的酒窖。Bras KC（第 137 頁）的成員都參加了，他們會帶自己的樂師或讓主辦單位準備所有需要的東西。在大釀酒桶的環繞之下，每位與會者都為友誼乾杯。身體記憶讓他們想起自己舞蹈的律動——至少一點點——或和法國西南部的其他慶典一樣，表演「帕基托」（paquito）——所有人坐成一排，大家會把手抬高，抬著一個躺平、臉朝下的人，把這人往前送。皮耶·加尼葉曾受邀參加這場盛會，他永遠不會忘記被一群人伸手抬高並滑下來的感覺有多奇特。

「那幾年，大家不能互相碰面，我們好想念彼此，」普拉久勒家族的人說。「我們覺得營業季好像沒有結束。」普拉久勒家族的人會看著路的盡頭，等待布拉斯家族的到來。從拉奇歐樂到這裡，搭巴士需要 2 小時。在開始慶祝之前，他們會先到一塊保留給他們的地採收葡萄。有了在園圃和森林裡採摘的經驗，廚師們不需要太久就學會採葡萄的訣竅。

葡萄很重，皮很厚，每一顆葡萄的味道都是獨一無二的，味道是介於如糖一般的甜和甜中帶酸，而嘴巴裡的餘味或長或短，有著偏向果香、葉香，或是泥土香的混和香氣。笑聲很快就蓋過修枝剪的喀喳喀喳聲。Bras KC 的成員已經在休息了。葡萄栽種商伯納·普拉久勒（Bernard Plageoles）開玩笑說：「採葡萄不需要花太久的時間，吃飯才久勒！」

兩個家族的固定聚會，可以追溯回 1988 年。第一年，共有 25 個人在莊園裡的廚房慶祝。幾年之後，人數暴增到 250 人，有朋友、肉販、歌手、烘焙師，還有從奧布拉克或拉雅克附近來的朋友的朋友。

2018 年是這場豐收慶典的 20 週年，其他大廚也答應出席，並採收葡萄和表演「帕基托」。除了法國名廚皮耶·加尼葉，來的人還包括三星主廚奧利維耶·侯艾朗傑、三星主廚米修·特瓦葛羅（Michel Troisgros）和甜點大師米修·貝林（Michel Belin）與皮耶·艾爾梅。那是一個值得紀念的日子，所供應的起司、豬肉和葡萄酒都是往年的三倍量。保羅·博古斯和法國名廚皮耶·特瓦葛羅（Pierre Troisgros）在不同年間也曾經出席這場盛會。

對於賽巴提恩來說，豐收季的傳統總是讓他想起初嘗「發酵葡萄汁」的興奮感。「餐廳老闆的兒子可以隨時喝個幾滴，以比較兩種不同的葡萄酒，」他說。「這是學習品酒的一部分。」然而，他第一次喝酒要往回推到更久之前。「那個時候我 6 歲。喬瑟夫外公要下田去翻動割下來的草，讓它完全乾燥。那是一年之中很美妙的時刻。當我又多了 4 或 5 歲時，我被允許可以開曳引機⋯⋯外公常帶一瓶紅酒，然後放在小溪裡。到了中午，我們一起吃著麵包和法式臘腸。外公用試酒碟（tastevin）喝葡萄酒，他會讓我的舌頭沾一下，喝個幾滴。」

普拉久勒的葡萄園和拉加代勒的菜園一樣，保護著蟄伏的當地物種。羅伯特（Robert）是這裡第五代的葡萄採收負責人，也是一名葡萄酒考古學家。他已經搶救了好幾株受到一定傷害的百年老藤，這些老藤被丟到森林裡，因此遍體鱗傷，危在旦夕。他重新復育了杜拉斯（Duras）和葡拉（Prunelard），這兩種葡萄可以用來釀紅酒。白酒則是由其他品種的葡萄釀製而成，其中包括昂登（Ondenc，釀成「歐坦」[Autan] 葡萄酒和莫札克〔Mauzac〕）。莫札克有好幾種顏色：紅色（帶有野生蜂蜜味）、綠色（萊姆、蘋果）和黑色（胡椒和野莓果）。30 公頃（74 英畝）的葡萄園採有機耕作或生物動力農法，而葡萄酒的釀造靠的是天然酵母，且幾乎不過濾，也很少額外添加二氧化硫。酒桶則是用附近區域的橡木製成。

「布拉斯家族和我們因氣候、土壤和果實而相連。」伯納·普拉久勒解釋。這位第六代的代表喜歡引用一句非洲人或因紐特人（Inuit）的諺語（其來源仍有爭議）：「我們不是從父母那繼承土地，而是借用兒女的。」（We don't inherit the land from our parents; we borrow it from our children.）

烤帶骨腹壁牛排，
佐羅德茲市場根類蔬菜與發酵大麥

Tender veal spider steak grilled on the bone,
with roots from Rodez market and fermented barley

阿韋龍省小牛的主要糧食是牛奶，另外還會添加穀物和飼料讓小牛肉有漂亮的粉紅色。小牛肉是很細緻的肉，禁不起太久、太複雜的烹調。直接帶骨是一個溫和且可以平均受熱的烹調方式，可以保護肉質，避免乾掉。牛腹壁（或稱「蜘蛛牛肉」araignée／spider，或稱為 oyster cut）是牛後腿附近的肉。如果您找不到這個部位，側腹牛排（flank steak）是個不錯的替代品。

備料

小牛腹壁牛排 200 克（1～2 塊）／鹽

小牛腹壁牛排 請肉販幫忙切腹壁牛排，要確定肉和骨頭沒有分離。去除肉上的筋膜與多餘脂肪。撒上鹽調味後，加蓋置於冷藏，至少 6 小時。

防風草 2 根／「Jaune Boule d'Or」蕪菁 3 顆／黑蘿蔔（black radish）3 個／「Blue Meat」蘿蔔 3 根／「Des Vertus Marteau」蕪菁 3 顆

蔬菜 根據蔬菜的嫩度，您可以把皮留著或削掉。嫩一點的菜，皮是軟的，而老一點的，皮就會比較硬且味道比較強烈。把蔬菜切成兩半、三等分、四等分或厚片，這樣成品的質地（口感）會比較豐富。大醬汁鍋中裝鹽水燒滾後，分別放入蔬菜煮到軟但不爛。放入冰箱冷藏備用。

胡蘿蔔 100 克，切末／塊根芹菜 100 克，切末／韭蔥 100 克，切末／白酒 100 克／柳橙皮 1 條／杜松子 2 顆／法式香草束 1 束

供飲用的蔬菜高湯 將蔬菜、白酒、柳橙皮、杜松子和法式香草束放入醬汁鍋中，加水沒過，以中火煮 30 分鐘左右。完成後收汁到您要的味道濃度，置於一旁備用。

雞蛋 1 顆／第戎芥末醬 10 克／酸葡萄汁（verjuice）20 克／葵花油 100 克／酸豆 20 克，切末／巴西利 5 克，切末／龍蒿 5 克，切末／法式酸黃瓜（gherkin）10 克，切末／成熟的黑葡萄，去皮去籽後，切碎／鹽

法式熟蛋黃醬（GRIBICHE SAUCE） 醬汁鍋中裝水燒滾，放入雞蛋煮 10 分鐘，撈出來沖冷水冷卻。把蛋黃和蛋白分開，蛋黃放到碗中用叉子壓碎，蛋白先保留不動。將芥末醬與酸葡萄汁倒入裝了蛋黃的碗中，接著邊倒葵花油，邊用打蛋器攪拌，直到質地像美乃滋為止。拌入其餘材料，適度調味後，冷藏備用。

去皮黃豌豆 25 克／大麥味噌 50 克／榛果醬 50 克／葵花油 10 克

發酵大麥及榛果調味品 大醬汁鍋中裝鹽水燒滾，放入去皮豌豆煮約 30 分鐘。瀝乾水分，用手持式調理棒打成泥。倒入大麥味噌、榛果醬和葵花油拌勻，置於一旁備用。

上桌前擺盤

「tanous」（從高麗菜中重新生長出來的春日花卉）1 束／琉璃草（一種可食用的多肉植物）1 束／玉米石（white stonecrop，一種可食用的多肉植物）1 把

備好炭火烤爐，一燒熱，就放上小牛排慢慢烤，帶骨面朝下，要烤到中心變成溫溫的。如有需要，可蓋張鋁箔紙以確保均勻受熱。上桌前，再把小牛排翻面，讓另一面烤上色。烤肉時，也把蔬菜放到炭火烤爐上，烤到上色。

小牛排可以一整塊，和蔬菜一起放在大上菜盤端上桌。法式熟蛋黃醬、蔬菜高湯，和發酵大麥及榛果調味品則可以分開盛裝端上桌。最後用一些 tanous、琉璃草和玉米石裝飾即完成。

NOTE —— 肉販怎麼切牛排非常重要：保護肉的同時讓肉在烹調時保持軟嫩。肉烹煮前放冰箱冷藏保存，對保持肉質軟嫩也有所幫助。供飲用的蔬菜高湯可以加香料和調味料調味，賽巴提恩特別喜歡柳橙皮屑所帶來的一絲清爽，盡情發揮創意吧！

法式熟蛋黃醬裡的香草，可依個人口味及季節更換。另外，依據您的喜好調整調味品的用量 —— 味道會因所用的豆類、味噌的發酵程度或鹹度，以及榛果醬的風味而有很大的差異。

Michelin Guide 米其林指南

直到現在，我都還清楚記得那份杏仁櫻桃蛋糕的味道，它勾起了我們幾乎迷失，但最後又重新凝聚了的家族信任與羈絆。1998 年 6 月，父母做了很明智的決定，他們要在旺季時，出門幾天，其實這是他們人生中的第一次旅行。

剛好在那段期間，《米其林指南》的評鑑員造訪了我們餐廳，更棒的是，來的是《米其林指南》的總編輯本人伯納・奈吉林（Bernard Naegellen）。當然，他是用假名訂位的，但薇若妮卡在他一踏進餐廳時就認出來了，只是她很猶豫要不要讓他知道。在他享用完「帶殼半熟蛋佐麵包條」，準備進入正餐前，他詢問是否可和廚房裡的「大廚」打聲招呼。薇若回他：「我們非常樂意，奈吉林先生。」當我站到他面前，伯納退後了一步：「大廚？」我想或許他期待看到的是米修・布拉斯，而不是一個陌生人。

總之，這頓飯就這樣開始了：帶殼半熟蛋佐麵包條、「卡谷優」田園沙拉和阿韋龍羊排——順利上桌，直到上甜點的時候，這位《米其林指南》的總編輯點了我前一天（或可能是當天早上）才研發出來，且還沒經過我父親同意就放到菜單上的甜點。這個甜點結合了兩個總是能讓我胃口大開的風味——杏仁和櫻桃。更確切地說，這是一款泡在北杏口味牛奶中的「薩瓦蛋糕」（biscuit de Savoie），旁邊搭配用鋪地百里香糖漬的櫻桃。

在那當下，其實我的心中充滿了一股不確定的氣息，如果客人不滿意，我要怎麼跟我父親解釋？父親又會怎麼說？我愈想愈覺得焦慮。

評鑑員們都會盡他們最大的努力，不讓顯露任何反應，審查結果也要幾個月後才會送過來。不過吃完飯後，和大廚聊一下是他們的習慣，他向薇若妮卡和我詢問家族的計畫。我們告訴他蘇給之丘上的房子，是 6 年前從平地冒出來的，且還在持續進化中，明年預計會有一小條流水穿過用餐區。他專心聽著，我們之間的互動簡短但誠摯，之後他就離開了。

總編輯在停車場待了很長一段時間。我們之所以會知道，是因為監視器可以隨時照看客人停在外面的車子。當時我們每個人都緊盯著螢幕，「他在做什麼？」他點起了一根菸，看看左邊，再看看右邊，然後凝視著附近的景緻，看起來像是在沉思、推敲些什麼，他就這樣站在停車場裡好久好久，我們都覺得他一定是在做最後的決定……

1999 年 3 月 2 日，我們從法國國家廣播電台（French national radio）早上 7 點的新聞報導中得知 Le Suquet 榮獲餐廳的第三顆米其林星星。這都要感謝父親的料理，以及這道新甜點的小小貢獻。這份我們渴望已久的殊榮，或許可讓世代交替的過程更為平順，我的父母終於可以對彼此說：「就算我們退居二線，家業也不會垮。」因此薇若妮卡和我認為，我們已經準備好要擔起責任，接管餐廳了。

當我 46 歲時，得知接下來的一年，我們已經確定能繼續保有三星殊榮後，我便先去奧布拉克高原騎了趟越野車，回來後，我決定要「歸還」我們的星星。當然，這些星星並不屬於餐廳老闆，但我們可以決定要不要回覆登記問卷[2]。我想要擁抱另一個更符合我人生價值的選擇。我馬上跟薇若妮卡說我的想法，然後也告知了我的父母。其實父親一直都很支持我的決定，但儘管如此，在告知他這件事前，我對他的反應仍多了一分慎重的考量。因為這些星星都是父親一顆一顆摘下來的，他總是照著自己的想法前進，也一直是做出變革決定的那個人，而這些星星也幾乎成為他靈魂深處的一部分。當我對父親說出自己的想法後，他告訴我：「照著自己的心走；我會挺你挺到底。」

2017 年 9 月 20 日，透過一段由我兒子阿爾班拍攝的影片，以及新聞稿，向大家公開宣布我的決定：「現在，我希望能在不受打擾也沒有壓力的情況下，自由地發展出生氣盎然的料理、款待及服務，展現我們的精神與在地化的理念。因此，Le Suquet 決定闔上這篇章、退出競賽了，但我們不會改變任何處事作風。」

米其林董事會接受我的請求，所以餐廳不會出現在 2018 年的年鑑上。不過在 2019 年，他們又把餐廳重新放回名單，並給了二星。即便發生了這樣的事情，這些日子以來，我還是感覺比較自由。我的辦公室牆上掛著一幅孩子的畫作，上面寫著：「星星生來就在天上。」（Stars are made to be in the sky.）沒有什麼比這句話更能總結我的想法了。

---

2 譯註：米其林秘密客（可能是專業評審員或消費者）手上都握有一張調查問卷，來了解並記錄店家的整體服務、餐點品質等，通常也會要求店家填寫基本資料。

鋪地百里香
佐糖漬布萊特櫻桃與北杏奶霜
Burlat cherries candied with local wild thyme,
bitter almond cream

賽巴提恩在 1998 年的一個春天早晨，研發出這個食譜，當天恰好也是《米其林指南》總編輯造訪餐廳，但米修·布拉斯卻不在的日子。夏天時，餐廳周圍可以找到好多鋪地百里香，當它和櫻桃搭配在一起，便能產生有趣的效果。

備料

柳橙 2 ～ 3 個
／細砂糖 150 克
／洋茴香粉 10 克／胡椒粉 3 克
／糖粉 30 克

洋茴香調味品 用削皮器取下 100 克的柳橙皮，要小心避開白髓。醬汁鍋中裝水燒滾後，放入柳橙皮煮 15 分鐘後，瀝乾水分。

用另一個醬汁鍋把 350 克的水和糖煮滾，接著放入柳橙皮，煮大約 1 小時，直到糖漿變濃稠。將烤箱預熱至 85°C（175°F）。瀝出柳橙皮，放在鋪了防油紙（蠟紙）的烤盤上，送進烤箱乾燥 2 ～ 3 小時。等柳橙皮冷卻後，打成粉末，顆粒大小要和細砂糖一樣。

用果汁機把洋茴香粉、胡椒粉、糖粉和 35 克的糖蜜橙皮粉混合均勻。

麵粉 200 克／奶油 120 克
／鹽 2 克／蛋黃 40 克
／糖粉 80 克

奶油酥餅 在桌上型攪拌機裝上槳葉配件，把麵粉、奶油和鹽倒入攪拌盆混合均勻。接著倒入蛋黃和糖粉，攪拌成一體後，馬上關閉機器。要留意，不要過度攪拌。讓麵團在冰箱休息至少 1 個小時，能夠放一晚尤佳。

將烤箱預熱至 170°C（340°F）。把麵團擀開成 3 公釐（⅛吋）厚。將麵團切成 4 個 11×3 公分（4½×1¼ 吋）的長方形，把切好的麵片鋪在 4 個長直邊的矩形小塔模（tartlet pan）裡，放入烤箱烤 15 分鐘。烤好的酥餅需是淺淺的金黃色。自烤箱取出後，放涼備用。

細砂糖 30 克／奶油 62 克／烘焙用杏仁粉 62 克／蛋黃 1 個／北杏精（bitter almond extract）1 滴

北杏奶霜 在桌上型攪拌機裝上槳葉配件，把糖和奶油放入攪拌盆打到泛白。接著倒入杏仁粉和蛋黃，最後倒入北杏精攪拌均勻。

鋪地百里香 6 小支／檸檬汁 1 顆量／細砂糖 25 克，另外準備 8 克與果膠混合／果膠 4 克／布萊特櫻桃 300 克，去掉果核與蒂頭／吉利丁片 ½ 張

櫻桃 用醬汁鍋把鋪地百里香、檸檬汁、25 克砂糖和 200 克水煮滾。果膠和 8 克細砂糖混合均勻。將果膠砂糖倒入醬汁鍋中，繼續滾煮 2 分鐘。

放入櫻桃，把火調小，慢慢將櫻桃煮至恰好要開始軟化，但仍相當結實的程度。加熱時間會因櫻桃成熟度與種類而有所差異。把櫻桃泡在糖漿中冷卻。

細砂糖 40 克／「阿瑪雷托」（amaretto）杏仁甜酒 100 克／寒天粉 0.9 克

杏仁甜酒凍 用醬汁鍋把糖、杏仁甜酒和 150 克水煮滾，接著倒入寒天粉攪拌均勻。保持小滾 20 秒。熄火後，把杏仁甜酒凍放入冰箱冷藏備用。

上桌前擺盤

鋪地百里香花，裝飾用
／麝香香葉芹（Musk chervil），
裝飾用

用擠花袋在酥餅盒底部擠一條北杏奶霜。小心地將櫻桃擺在奶霜上。隨處添加幾小塊杏仁甜酒凍，並撒上洋茴香調味品。以幾朵鋪地百里香花和幾片麝香香葉芹的葉子裝飾即完成。

NOTE —— 酥餅的形狀可根據您的喜好及手邊可取得的模具更動。

Argentina 阿根廷

「我幾乎要和 Le Suquet 分道揚鑣,揮別家族事業,踏上全然不同的另一條道路,即使那是我從小就立志要接手的事業。然而最後一刻,我退卻了。我本想這麼做,也全心全意地相信我會這麼做,但卻出現另一條可以走的路⋯⋯」賽巴提恩在此提到的插曲發生在 1997 年下半年,當時,能俯瞰拉奇歐樂的新飯店——Le Suquet。

那時 Le Suquet 餐廳才剛開幕 5 年,也是他正式接手家族事業的 13 年前。他繼續說:「薇若和我『逃亡』到阿根廷。我們幾乎要在那裡定居了。可能是我們都在逃避吧?不管那是什麼,都是我們重要的一段經歷。」

賽巴提恩的阿根廷友人瑪莉亞‧巴魯蒂亞(Maria Barrutia,她曾在 Le Suquet 工作三個營業季)建議這對年輕夫婦搬到布宜諾斯艾利斯幾個月,當時瑪莉亞正籌備著「Resto」——一家位於「中央建築協會」(Sociedad Central de Arquitectos)裡的餐廳。而賽巴提恩夫婦幫瑪莉亞完成了餐廳牆壁的粉刷,也在廚房裡(供應法式阿根廷料理)並協助外場。當然,他們也計畫在這個廣袤無垠的國家內四處旅遊,因此,賽巴提恩夫妻壓根沒想過要訂回程的機票。

「那種自由、無拘無束的感覺超棒的!」薇若妮卡回憶。「在布宜諾斯艾利斯,人們會在半路上停下來,開始跳起探戈。但相反地,在法國,什麼事都好像比較複雜:經濟情況、社會運動、立法。」

當時,客人大量湧入這家位於建築協會的「食堂」,而賽巴提恩和薇若妮卡還登上了阿根廷的最大報《號角報》(Clarín)。這段經歷也讓夫婦兩人在飲食上獲得全新的體驗,他們愛上了「焦糖牛奶醬」(dulce de leche),喜愛的程度甚至讓他們在回到奧布拉克時,也想複製出這種牛奶醬。

加到鍋裡的牛奶與糖會濃縮與焦糖化;在阿根廷,大家會拿著食物邊走邊吃,如「阿根廷餡餃」(empanada):微帶一點層次,有的還會炸過,裡頭包有肉、馬鈴薯或魚,這讓兩位年輕遊客想起故鄉的油炸蜜李餡餅(rissoles aux pruneaux);在智利的奇洛埃島(the island of Chiloé),他們認識了「柯蘭托」(curanto al hoyo),一道用土坑煮熟,有蔬菜、肉類、扇貝和起司的豐盛料理。

這段期間,賽巴提恩和薇若妮卡不斷切換著短程旅行與 Resto 的工作,趁此機會兩人也走訪了一些地方。隨著 Resto 的營收漸漸穩定,瑪莉亞不再需要他們後,他們就前往巴士站,去到好幾百公里遠的巴塔哥尼亞(Patagonia),欣賞許多美景:冰凍的藍色湖泊、預示極地寧靜的天空,以及有許多深鑿線條清楚刻劃的景緻。

他們在安地斯山脈的山麓,感受缺氧的窒息感;沿著莫雷諾冰川(Perito Moreno Glacier)60 公尺(197 英尺)高的冰牆走,欣賞阿根廷一路延伸到眼力不可及之處。旅行能夠讓人忘卻時間,並獲得對各種事物的想像力。

直到一天，賽巴提恩收到父親米修發來的訊息。當時 Le Suquet 正結束一個混亂的營業季，即將步向看來不太平靜的 1998 年。米修問：「所以，你要回來了嗎？」

1970 年代早期，在米修擔起 Lou Mazuc 的命運之前，也曾面臨同樣進退兩難的困境。有位叔叔給他機會，讓他可以在香榭麗舍大道附近的法式餐館工作。首都的一切都很繁忙、充滿活力──至少，住在城市裡的人總愛這麼說──而奧布拉克則是明顯在衰退中。「當時，你非走不可。留下來的人是瘋子。」米修回憶，但，他很快就拒絕邀約，決定走他自己的路。

賽巴提恩和薇若妮卡只有兩三天的時間可以做決定。兩人的好友瑪莉亞回憶：「藉由和 Le Suquet 拉開一點距離，我相信賽巴和薇若反而和它更靠近了。」他們回電給米修時的那聲「好」，帶著一定程度的沉重感，因為那是一個會左右他們人生的決定。

「1993 年，父親第一次打給我，叫我去幫忙時，當時餐廳剛開幕，所以我中斷了屬於我學業一部分的實習工作，因為我沒有選擇，」賽巴提恩說。「但是這次我們覺得可以說『不』，並為我們的人生做其他選擇。」深思了一兩晚，薇若妮卡和賽巴提恩同時想像他們在大西洋這側開創自己餐廳的模樣，也同時向自己提問：是因為家庭義務才回去嗎？還是中了奧布拉克的魔咒？還是一切就只是命運的召喚？賽巴提恩和薇若妮卡從不後悔回到蘇給之丘，而做下這個影響人生決定的時刻，依舊深深烙印在他們的腦海。

他們常常回憶起在阿根廷的時光，特別是到巴塔哥尼亞的遊歷：在「火地島」（Tierra del Fuego）享受吹撫在臉上的純淨的風，因為那裡是海洋與高山的結合。兩人的旅程終止於一個奇怪的小故事，從烏蘇懷亞（Ushuaia）要飛回布宜諾斯艾利斯時的航程中，機長突然宣布要緊急降落──儘管引擎沒噴火，機艙也沒收到要爆炸的威脅，但這樣的消息總是會引起一片死寂。

「老舊的螺旋槳飛機必須降落進行緊急維修，」賽巴提恩說。「我們在飯店待了一晚，隔天再搭上恢復正常的飛機。我們發現，雖然飛機上只有 15 名乘客，但我們並不是唯一的法國人，另外還有一對乘客，他們也來自阿韋龍省，而且就在巴拉克維爾（Baraqueville）開餐廳，那裡是每年我們去普拉久勒豐收慶典之前，會停下來吃可頌的地方！這應該就是叫我們要回家了的跡象吧⋯⋯！」

準備「葡萄園油桃」（nectavigne）[3]

3 譯註：葡萄園水蜜桃（vineyard peach）與油桃的混種。

洋蔥南瓜糕、軟糖、
牛奶醬冰淇淋

Milk jam ice cream with candied onion squash, pumpkin seed praline and sheep's tome

在阿根廷時，賽巴提恩把焦糖牛奶醬與奧布拉克的乳製品傳統連接起來。南瓜和多莫起司的組合味道很好，類似榅桲醬常搭配某些起司的概念——這種組合在西班牙尤其常見。

備料

牛奶 1.25 公升／細砂糖 280 克
／液態葡萄糖 310 克／鹽 3 克
／小蘇打粉 3 克／奶油 50 克
／果膠 1.5 克

牛奶醬 把牛奶、糖、葡萄糖、鹽和小蘇打粉倒入醬汁鍋中煮沸。用折射度計測量，將甜度濃縮到 72° Bx。在另一個醬汁鍋中，混合奶油、果膠和 36 克水，加熱至 60° C（140° F）。倒入先前準備好的牛奶糖水中，再次將甜度濃縮到 72° Bx。用手持式調理棒混合均勻後，置於一旁備用。

牛奶 480 克／淡鮮奶油 80 克
／細砂糖 32 克／牛奶醬（作法請
參考上方）100 克／液態葡萄糖
20 克／奶粉 40 克／冰淇淋穩定劑
（ice cream stabilizer）2 克

牛奶醬冰淇淋 把牛奶、鮮奶油、糖、牛奶醬和葡萄糖倒入醬汁鍋中煮沸。倒入果汁機中混合均勻，一邊繼續攪打，一邊加入奶粉和冰淇淋穩定劑。

放涼後，倒入 Pacojet®（研磨機）的容器中，放入冰箱冷凍。

洋蔥南瓜 250 克，切大塊
／蘋果 112 克，去皮去核後，
切大塊／細砂糖 36 克
／寒天粉，分量視實際情況調整
（請參考下方作法說明）

洋蔥南瓜糕 將洋蔥南瓜、蘋果、糖和 21 克水放入醬汁鍋中，加蓋用中火煮到南瓜與蘋果變軟。倒入食物調理機中，攪打至細滑。倒在篩子上擠壓過篩，以確保蔬菜泥呈現非常滑順的質地。

測量蔬菜泥的重量後，拌入蔬菜泥重量 0.7% 的寒天粉。把蔬菜泥倒回鍋中，加熱 30 秒後，移鍋熄火。倒在鋪有防油紙（蠟紙）的烤盤上。

洋蔥南瓜 20 克／細砂糖 100 克

洋蔥南瓜片 用蔬菜切片器把洋蔥南瓜刨成薄片。將糖和 400 克水倒入醬汁鍋中，煮沸成糖漿。把滾燙的糖漿倒在南瓜片上糖漬。待放涼後，重新將糖漿加熱，再次倒在南瓜片上。

洋蔥南瓜 300 克，切大塊
／細砂糖 50 克／果膠 3 克

洋蔥南瓜軟糖（ONION SQUASH LEATHER） 將烤箱預熱至 70° C（160° F）。把南瓜、35 克的糖及一點點水倒入醬汁鍋中混合均勻。用小火慢慢煮到南瓜熟軟、可用手持式調理棒打成泥的狀態，視情況加水，以免黏鍋底。將剩下的糖和果膠混合均勻，拌入南瓜泥中，繼續滾煮 2 分鐘。將南瓜泥倒在矽膠烘焙墊上抹平，厚度為 1 公釐。放入烤箱烤 45 分鐘。取出後，將烤箱溫度調高至 170° C（340° F）。放涼後，輕輕地將「糖皮」與矽膠烘焙墊分離。趁完全涼透前，把糖皮鬆鬆地抓皺成 4 個不規則的大塊，再將這些大塊糖皮放回烤箱幾分鐘，烘乾及烤脆。

細砂糖 150 克／南瓜籽 250 克
／葡萄籽油 30 克

焦糖南瓜籽醬 將糖和 40 克水倒入醬汁鍋中，加熱至 121° C（250° F）。倒入南瓜籽，讓南瓜籽均勻裹上糖漿，一邊攪拌，一邊繼續加熱：糖會慢慢「再結晶」。繼續加熱直到糖變成焦糖。放涼後，將焦糖南瓜籽倒進果汁機中，一邊攪打，一邊慢慢倒入葡萄籽油，直到整體變成非常細滑的糊狀。

上桌前擺盤

羊奶多莫起司 100 克，刨成細絲
／藿香屬植物葉子適量
／烘過並切碎的南瓜籽適量

在盤中四處撒上一些多莫起司。用蘋果去核器將洋蔥南瓜糕切成圓柱體，直立擺在盤上。加幾片蜜南瓜和南瓜軟糖片。把牛奶醬冰淇淋整成橢圓橄欖狀後，擺到盤上。最後以北美藿香葉和南瓜籽碎粒裝飾。

NOTE ——

1 製作牛奶醬時，如果您沒有折射度計，可先秤醬汁鍋的淨重，接著加入上述所有食材烹煮，並濃縮到剩下一半的量。

2 為了方便，您可以一次大量準備牛奶醬。它可以保存數月不變質。

3 如果您沒有 Pacojet®，可以使用冰淇淋機來製作冰淇淋。

4 如果蘋果是有機的，就不需要削皮。

Mushrooms 蕈菇

現在是晚上 11 點，有一台標緻（Peugeot）205 的車頭燈和 Le Suquet 的爐火同時熄滅。兩個人下車走到廚房，他們異口同聲地宣布：「今天採到的！」語氣中帶著愛與驕傲。他們指著一個箱子，賽巴提恩好奇地湊近看，有一陣像是杏桃的氣味飄出來。

箱內的寶物是「今日精選」的雞油菌（girolle），有 3 公分（1¼ 吋）長，這是一種春天的蕈菇，產季可以延長到夏季中段。這兩位採摘者雖有一定的年紀了，但仍對於森林與裡頭的寶物充滿熱情，他們已經把蕈菇一一分類整理好，並細心地摘掉蕈菇蒂頭。賽巴提恩拿了點心給他的夜間訪客，雖然已經吃過晚餐了，但他們還是不假思索地收下幾隻冰淇淋甜筒。

真菌學家（學名：Mycologists）和他們的尋寶地點一樣神秘。他們會在奧布拉克高原上探險，也會深入周邊區域——特別是（要小小聲說）距離蘇給之丘大約 40 分鐘車程的波恩康姆貝森林（Bois de Bonnecombe）附近。在這個區域，春天可以看到聖喬治蘑菇（mousseron／St George's mushroom），其香氣就像新鮮的乾草；而雞油菌會在春天和初夏出現，接著登場的是更多的金黃雞油菌（chanterelle）和帶有葡萄乾與辣椒氣味的美味松乳菇（milkcap）。

「我的最愛曾經是鹿花菌或假羊肚菌（false morel），」賽巴提恩說。「我們會在醬汁鍋裡加點鮮奶油，然後在爐子邊用非常小的火慢慢地把鹿花菌煮到上色，這種煮法可以讓鹿花菌的味道比珍稀的羊肚菌還美味。」Lou Mazuc 餐廳以前常用這些蕈菇，並混合一點野草和嫩韭蔥來當鳥禽的塞餡。但很遺憾，法國政府從 1991 年起就開始禁止販售鹿花菌，因為他們認為如果生食未經烹煮的鹿花菌，會具有毒性——甚至有可能致命。

秋天是牛肝菌的季節，以前曾是 Lou Mazuc 名菜的「安琪兒的填料」，現在也能在山丘上的這間餐廳（Le Suquet）吃到，而且原汁原味，未改過配方：火腿碎、紅蔥、蕈菇和鮮奶油與蛋一起混合成填料，抹在微膨、層次豐富的酥皮上（酥皮作法是麵粉、奶油、鹽和一小撮糖放到攪拌機，大致攪拌到成團後，放入烤麵包鍋 [bread oven][4] 中烘烤），最上頭再鋪放著泡在油裡保存的牛肝菌片。上桌時，會撒些野生香草，有時也會加一點風味醋。這道美味的佳餚，外層酥鬆，內餡綿密。賽巴提恩很喜歡這道整整熱賣半個世紀的料理：「客人老是要點這個塔！」

新鮮的牛肝菌在炎熱的夏天與暴風雨季後，會從土裡冒出來，它可以做成各種不同的口感，可以打成乳醬加進用當地松露做成的油醋醬裡；或搭配野生黑莓或咖啡、培根、半熟水煮蛋，它們會散發出法式果仁糖（焦糖堅果）的香氣，模糊了甜與鹹、甜點與主菜之間的界線——這是一個用新方法體驗熟悉食材的機會。

4　鍋身扁平，鍋蓋為弧形，特別設計用來烤（歐式）麵包的鍋子。

時令蕈菇與森林物產做成的
精緻小點

Seasonal mushrooms and woodland canailleries

這道食譜有各式各樣的變化，取決於秋天能採集到的各種菇類和樹林裡的物產。當賽巴提恩和朋友丹尼斯（Denis）還是小孩時，他們常常聚在一起吃櫸果——大小是指甲的一半（吃之前要小心剝殼）。

備料

櫸果 20 克，去殼／葡萄籽油 80 克／蛋白 30 克／奧良醋（一種紅酒醋）15 克／鹽

櫸果霜　將櫸果放入煎鍋中，用小火烘 3 ～ 4 分鐘到微帶金黃色。用杵臼把櫸果搗成粗粒。倒入碗中，加入葡萄籽油覆蓋，靜置 24 小時等待出味，之後再一起打勻。

把蛋白、醋和一些鹽放入一個高身，但不會太寬的小型容器中。用手持式調理棒把蛋白打到起泡，接著慢慢倒入櫸果油，直到質地呈現可裹附在食材上的稠度。

洋蔥 15 克，切碎／蔬菜油 1 小匙／白蘑菇 60 克，切丁／泡水後擠乾的麵包 75 克／拉奇歐樂起司 25 克，刨絲／蛋 1 顆／巴西利 5 克，切碎／羊肚菌 4 朵，摘掉蒂頭／鹽和現磨黑胡椒

鑲羊肚菌　在煎鍋中，用蔬菜油把洋蔥炒軟，需 3 分鐘。倒入白蘑菇，炒到微微上色後，加鹽和黑胡椒調味。

醬汁鍋中裝水燒滾，放入雞蛋煮 6 分鐘成半熟水煮蛋。沖冷水剝殼，切碎。

把炒過的洋蔥和白蘑菇、泡水後擠乾的麵包、拉奇歐樂起司絲、半熟水煮蛋和巴西利倒入碗中攪拌均勻。適度調味後，鑲入羊肚菌中。置於一旁備用。

青蔥 100 克，取蔥綠切末／葡萄籽油 100 克／鹽

青蔥　用果汁機把青蔥蔥綠和葡萄籽油打成細滑的油醬，加適量鹽巴調味。注意不要過度攪打，以免失去翠綠的顏色。

櫸果 150 克，去殼

烘櫸果　櫸果放入煎鍋中，開小火稍微烘一下後，置於一旁備用。

硬柄小皮傘（fairy ring mushrooms ／ Marasmius oreades）120 克／小型牛肝菌 120 克／聖喬治蘑菇 120 克／雞油菌 120 克／松乳菇 120 克／蒸餾白醋，沖洗蕈菇用

蕈菇　切除蕈菇蒂頭沾到泥土的部分，接著快速用淡醋水沖洗一下，瀝乾後置於一旁備用。

上桌前擺盤

奶油，煎炒蕈菇用／培根或鹽醃火腿適量／大蒜 1 瓣／小型牛肝菌 2 朵，切薄片，裝飾用／青蔥蔥綠，裝飾用／大蒜花，裝飾用

將鑲餡羊肚菌放入煎鍋，用少許奶油小火煎 3 分鐘至上色。檢查中心溫度：需是燙的，如有需要，可放入烤箱，用 150°C（300°F）完成烹調，但要注意不能烤到太乾。保溫備用。

再加一點奶油到鍋中，蕈傘朝下放入松乳菇，煎 3 分鐘至上色。加一點培根或鹽醃火腿和 1 瓣大蒜增添風味。

取另一只鍋子，放入一小塊奶油，等油熱後，放入「蕈菇」步驟中剩下的蕈菇，整朵不切翻炒至剛好熟。快速擺盤上菜，從櫸果霜開始，然後是全部的熟蕈菇。最後放上幾片生牛肝菌、青蔥蔥綠、大蒜花和一些烘過的櫸果裝飾即完成。

Aubrac free-range beef farmers
奧布拉克放牧牛的飼養者

跟團來到此處的遊客，老是會問旅行社的工作人員：「我們會看到奧布拉克牛嗎？」在 Le Suquet，許多熱愛美食的饕家也會有相同的疑問：「午餐吃得到奧布拉克牛嗎？」賽巴提恩會提供給他們極好的豬肉或（山）羊肉、兔肉或鴨肉，有時會呈上阿韋龍省「三 A」（triple A）等級的乳羊，在風味上的搭配也會依季節有所變化，復活節的時候會搭配豬牙花和凝乳，夏天則配上醃檸檬，到了秋天再換成泡在甘草泥裡，或用馬斯科瓦多黑糖，讓味道更上層樓。賽巴提恩的客人很愛羊肉，怎樣都吃不膩，他選用的羊肉是格雷弗耶（Greffeuille）家族用新鮮稻草與穀物飼養的，他們的農場距離拉奇歐樂車程一個半小時。

客人們也稱讚本地牛有著特別細緻的紋理和獨特的風味，這在 2000 年代初期鮮為人知，但現在已經成為法國風土的代表性產品。奧布拉克純種牛比「奧布拉克之花」（Fleur d'Aubrac，純種牛的表親，是和夏洛萊牛 [Charolais] 混種的結果）更可口，味道比利穆贊牛（Limousine）更豐富，肉質比薩勒牛（Salers）還軟嫩，比高地牛（Highland）和樣本售價可比黃金的日本和牛更受歡迎。這種牛被譽為山中「賣弄風情的女子」，牠們穿著小麥色的衣裳，雙眼有著天然的墨色眼線，牛角叉開的弧度也堪稱完美。

「在以前，這些牛要想盡辦法才能生存。」狄杰（Dijols）家族說，他們住在拉奇歐樂附近的屈里埃（Curières），其放養的奧布拉克牛需要養 3～10 年（奧布拉克之花只要 2～4 年），但大部分的飼養者都選擇「養到頂」，也就是會飼養 7～9 年。牛隻的糧食為草地早熟禾（meadow grass）和花朵。一個獸群中平均有 70 頭牛，每一隻母牛和牠的小牛至少擁有 10,000 平方公尺（超過 100,000 平方英尺）的面積可以吃草。狄杰家族的人說：「如果要把牠們關起來，那不管是聽莫札特的音樂或安裝霧化加濕器，都沒什麼意義，因為牛群熱愛自由。」

在曳引機出現之前，奧布拉克的農民常把這些健壯的牛隻帶到波爾多的葡萄園、卡馬格（Camargue）的稻田和北法的甜菜根田，據說有些最後甚至帶到了西伯利亞飼養。但是，品質最精良的還是留在牠們原生的牧草地，然後每個月一到兩次會被帶到拉奇歐樂的集市廣場展示。復活節的展覽是牠們最主要的選美比賽，在展場上，綁著絲帶盛裝打扮的牛會隨著音樂在街上遊行。由農家、屠戶和好奇的客戶組成的隊伍，會邊走邊在每間酒吧前停下來，下午的流程跟人員組成也一樣，所以漸漸地整條遊行隊伍就會愈走愈歪。

紅／生產者／奧布拉克放牧牛飼養者

19 世紀時，純種牛的總數是 400,000 頭，但到了 1978 年，卻只剩下 40,000 頭。奧布拉克放牧牛被保護與再生方案（conservation and recovery plans）、農業秀類別及牛肉分類除名。農家出於恐慌，趕緊將剩下的牛隻和夏洛萊牛混種。不過仍有一群農民、職人和當地居民，包括一些也在揚山合作社（請參考第 66 頁）工作的人，為了保護這項奧布拉克的資產奮鬥打拼。

肉舖老闆盧西安・孔凱（Lucien Conquet）自 1982 年起就在拉奇歐樂開肉舖。「還好，我們很幸運有米修・布拉斯的幫忙，」他說。「米修以前常說：『我只會烹調在奧布拉克出生、飼養和長大的牛』。」賽巴提恩也跟隨他父親的腳步，在 Le Suquet 廚房裡使用本地產的牛隻，他有時會把牛肉做成前菜，以一片麵包上頭擺著韃靼生牛肉（tartare），再佐以高湯和孜然胡蘿蔔的方式呈現。不過，他已經不在晚餐的時候供應鑲牛骨髓了，因為這道菜雖然是「肉食主義者」的最愛，但這道讓骨頭清楚可見的料理，也能在其他好幾百間餐廳裡吃到。至於主菜，他會使用牛柳耳（法國牛肉分切部位）作為材料，此部位曾被稱為 oreille[5]，是黏在菲力（fillet，即牛腰里肌肉）上的一塊肉，通常會跟菲力一起賣，或是使用取自牛大腿的牛腿肉（mouvant）來料理。他說：「與其只注意牛肉的軟嫩度，我比較喜歡咀嚼的快感，尤其是享受牛肉的滋味。」

奧布拉克牛被屠宰後，會讓肉先連著骨架一起熟成 2 ～ 3 週，接著再用奧布拉克啤酒或泡有田園香草的香料酒醃漬。有時，也會將野生香草夾在好幾片多汁的牛肉間，可以讓肉汁風味更豐富。稍做處理之後，這些肉塊會被吊在旋轉烤架上、送進烤箱或放進鑄鐵鍋用泡沫乳清奶油烹調。有些會放進融化的鹽漬豬油裡低溫泡煮，另外有些則是用燒烤的方式。

待牛肉煮熟，有時會再裹上一層扁豆味噌，並用明火烤箱（炙爐）炙燒出油亮光澤。放到盤上時會搭配蔬菜，以及大麥等穀物和濃縮肉汁，並用細緻的康乃馨油醋醬提味，或用鰻魚（牛肉的傳統搭擋）加強風味。（牛肉配鰻魚通常建議用在羅西尼牛排 [tournedos Rossini]，這道深受熱愛美食的巴布羅・畢卡索 [Pablo Picasso] 青睞。）綠葉預告著春意的到來，而豬牙花（因其銳利的白色根部而得名）則是其中一個天然盟友。在巴爾幹半島生活的人習慣把豬牙花加進鬆餅，韃靼人（Tatars）會把它放到牛奶中一起煮，在日本則是做成果凍（片栗 [katakuri]），而在 Le Suquet 則是原汁原味呈現，搭配放牧的牛柳耳一起吃。

「父親和我長期以來一直支持此農業區的發展，」賽巴提恩說。「今天，我們對於它的成功感到驕傲。透過復育這個具代表性、一度瀕臨絕種的品種牛，養牛的農家們無疑地也復興了整個地區。」

這些品種牛重新回到高原上，不受潮流和危機的影響，最重要的是，風味從不曾減少。在 1996 年取得「紅標」（Label Rouge，法國政府對於頂級食材的認證標章），25 年後有 500 位農民在他們的產品上貼上標籤；拉奇歐樂的牛隻秀再度重啟，有完整的餐會、舞蹈和拍賣會；牛隻的遺傳品系（genetic strain）也已經被保留下來，且靠著混種的方式延續下去。

5　此字直譯為「耳朵」（ear）。

生菲力牛肉捲佐「法國黑孢松露」，
與初春野生綠葉

Raw rolled beef fillet, seasoned with 'mélano',
the first wild leaves of spring

這道生牛肉料理用了產自阿韋龍省南部的法國黑孢松露（Tuber melanosporum）增添風味——在某種程度上，算是結合了該省南北特產。在 Le Suquet，這道菜會用菲力「牛柳耳」來製作，它的纖維緊緻、口感帶脆，且風味濃郁，是頂級部位。

備料

豬牙花花苞 12 個
／細砂糖 100 克／蘋果醋 200 克
／洋蔥 30 克，切末／鹽 6 克
／月桂葉適量／現磨黑胡椒

豬牙花 把除了豬牙花花苞以外的所有食材放入醬汁鍋中，加 300 克水一起煮沸。

將豬牙花花苞放入小寬口罐中，倒入滾沸的糖醋水，並馬上加蓋密封。放涼後，置於陰涼處，放 3～4 天尤佳。

大型馬鈴薯 1 個
／非常薄的豬五花肉片 8 片
／鴨油 10 克，融化備用
／鹽和現磨黑胡椒

馬鈴薯捲 將烤箱預熱至 150°C（300°F）。用削皮器，把馬鈴薯削成長薄片。也可以改用切片器操作。馬鈴薯薄片削完後，要立即泡到冷水中，以免氧化變色。將馬鈴薯薄片瀝乾，在工作檯排成 10×80 公分（4×31½ 吋）的長方形，並用廚房紙巾拍乾。把薄豬五花肉片均勻排放，覆蓋著全部的馬鈴薯薄片。薄薄刷上鴨油，調味後，從其中一個短邊開始捲成直徑 6 公分（2½ 吋）、長 10 公分（4 吋）的大圓柱體。將處理好的馬鈴薯捲放進相同尺寸的不鏽鋼環中，放入烤箱烤 45 分鐘。放涼備用。

牛肩肉排 600 克，切大塊
／洋蔥 50 克，切大塊／大蒜 1
瓣／胡蘿蔔 100 克，切大塊
／白酒 100 克／葵花油適量

法式牛肉清湯 在醬汁鍋裡倒一點葵花油，用大火燒熱後，放入牛肉煎至上色。倒入洋蔥、整瓣大蒜和胡蘿蔔。火力調小，煎幾分鐘，讓蔬菜上色。倒入白酒刮起鍋底精華後，再倒入 1 公升清水，接著用小火煨上 1 小時，過濾到乾淨的醬汁鍋中，再用中火把清湯濃縮到能裹附在其他食材上的稠度，撈出 200 克備用。

冬季松露（法國黑孢松露）60
克，刨成細絲／夏季松露 40 克，
刨成細絲／橄欖油 50 克／葡萄
籽油 150 克／葛粉 4 克／法式牛
肉清湯（作法請參考上方說明）
200 克／紅酒醋 25 克／鹽 6 克

松露油醋醬 將兩種松露、橄欖油和葡萄籽油倒入碗中，混合均勻，放置數小時，讓松露的香氣能滲入油中。

葛粉與一點點冷水拌勻。將牛肉清湯與紅酒醋、鹽和葛粉糊一起倒入醬汁鍋中煮滾。牛肉湯放涼後，用打蛋器將所有油醋醬的食材混合均勻，置於一旁備用。

蠶豆豆莢 4 條

蠶豆 把蠶豆剝出來。醬汁鍋中裝鹽水煮滾，放入蠶豆煮軟。撈起並沖冷水後，去除豆子薄膜，置於一旁備用。

菲力 400 克

牛肉 把菲力放進冷凍庫 15 分鐘（稍微變硬會比較好切），接著切成薄片。

上桌前擺盤

西芹 3 根
／圓葉當歸 4 片，切碎
／豬牙花葉片和花苞，裝飾用
／蠶豆葉 4 片

醬汁鍋中裝鹽水煮滾，放入西芹汆燙 1 分鐘。把馬鈴薯捲切成 1 公分（½ 吋）厚的片狀，擺在盤子的正中央。西芹用牛肉薄片捲起來後，擺到盤上。撒上切碎的圓葉當歸，淋一些松露油醋醬，並以豬牙花的葉片、新鮮的與醃漬的花苞及蠶豆葉裝飾。

NOTE —— 在法國，豬牙花的產季到 5 月為止。之後花瓣會開始掉落，您只要摘撿剩餘的花苞就好。為了製作方便，您可以在寬口罐裡裝滿豬牙花的花苞，然後將剩下來的用於別道菜。如果您無法取得豬牙花，也可以用優質的酸豆代替。

Sergio, wine gardener

塞吉歐——葡萄酒管理人

Le Suquet 的酒窖就像拉加代勒的園圃一樣：瓶中的酒會依照自己的步調慢慢陳釀。只不過場所從陽光日照的透天環境，換成了具保護作用的遮蔽空間，但和在園圃一樣，賽巴提恩為釀酒所摘的葡萄，也是大自然與人類共同作業的成果。要擬定一間美食餐廳的酒單有好幾種方法：侍酒師以高價購入陳年佳釀，或侍酒師在每年收成時以合理的價格取得，且最重要的是，侍酒師要和葡萄酒生產者建立良好的信賴關係，並將取得的葡萄酒存放在酒窖很長一段時間，可能 12 年或長達 30 年。布拉斯家族選擇第二種方式：精選來自五大洲、各種年份的酒，將它們分類保管與保存，等到開瓶的重要時刻。

侍酒師塞吉歐·卡德隆（Sergio Calderon）是酒窖的關鍵人物，他會在午餐與晚餐後，帶著客人參觀酒窖，並用混合著阿根廷與奧布拉克的艱澀口音聊著他的技藝與工作。塞吉歐 1962 年生於距離布宜諾斯艾利斯 900 公里（560 英里）的哥多華（Córdoba），不過在遇到他未來的法國妻子後，就從此改變了專業與居住地。塞吉歐靠著自學，在 2010 年曾獲雜誌 Le Chef 頒予「年度最佳侍酒師」。他原本可以在工作幾個月的倫敦定居，或搬到摩納哥，但自 1990 年起，他便一直對布拉斯家族忠心耿耿。根據賽巴提恩的觀察，「塞吉歐是葡萄酒專家，但他並不會強迫他人接受自己的觀點。他在傳達資訊的同時，也尊重個人的口味喜好，並會邀請人們參加葡萄園導覽，藉此機會認識更多酒。因此，我完全信任他！」

Le Suquet 的酒窖裡大概藏有 1,700 ～ 2,000 支酒，其中包括由「皮諾之王」（the 'Emperor of Pinot'）亨利·賈葉（Henri Jayer）所釀，外面買不到的珍寶。賽巴提恩每年只分送 3,500 瓶酒給少數朋友，塞吉歐便是其中之一。酒窖裡也能發現產自波爾多、勃艮第與其他法國絕佳風土的經典鉅作，這些都能讓顧客體驗這趟蘇給之丘之旅變得難忘：譬如睡在海盜胸前，釀於 1924 年的馬德拉酒；以及來自烏克蘭（「馬桑德拉甜酒」[Massandra Nectar]），或摩洛哥（阿蘭格拉酒莊 [Alain Graillot] 在梅克內斯 [Meknes] 釀的「單車希拉」[Tandem Syrah]）的驚喜。塞吉歐的第二故鄉也有兩項產品列在酒單上：馬西雅克（Marcillac），一種帶有野莓果與香料調性的葡萄；還有艾特雷克葡萄酒（Entraygues wines），以它們的白酒（白詩南葡萄 [Chenin] 和莫札克葡萄）著稱。從 Le Suquet 開車一個小時即可抵達這些酒的產區。另外也能看到由奧利弗喬安酒莊（Olivier Jullien，距離拉奇歐樂車程兩小時）釀造的 Le Trescol，帶著活潑酸爽的紅莓味，這些釀製的葡萄，是來自法國中央高原最南端或法國西南部最北端的葡萄園。

在布拉斯家族於巴黎「皮諾私人美術館 - 巴黎商業交易所」屋頂開設的餐廳，塞吉歐也建議這裡的侍酒師可以整理出一些從未在其他地方嚐過的新款葡萄酒。這個餐廳的前身是穀物交易所，因此料理的特點就是會搭配「穀物特釀」（cuvées de grains）——由單一或多種葡萄釀製，以展現葡萄的力道和純淨，以及釀酒師的工藝。而波雅克拉圖酒莊（Château Latour）的負責人，也因此同意創作一款特殊酒「Grains de Cabernet-Sauvignon」，這是一款年份釀造葡萄酒，葡萄經過頂規精煉的程序，酒的濃郁度令人驚嘆。

回到 Le Suquet 的餐桌，酒杯裡比較常出現的是白酒，而非紅酒。這是因為白酒和蔬菜最合拍，所以能輕鬆地佐搭。不過有些紅酒也可以用來搭配蔬菜，尤其是比較清爽的葡萄品種，如佳美（Gamay）、黑皮諾或皮諾多尼斯（Pineau d'Aunis，也稱「黑詩南」[Chenin noir]）。若要襯托「卡谷優」田園沙拉，塞吉歐喜歡推薦不甜、尾韻強的白酒，它們能提供迷人的酸度，每啜一口都能清清口腔，留下淡淡的柑橘味或花香。要符合這樣的條件，他可能會選擇酒齡低的麗絲玲（亞爾薩斯）或蘇維濃（羅亞爾河），譬如產自桑塞爾（Sancerre）與查維諾（Chavignol）的品項，或白詩南——舉例來說，產自武弗雷（Vouvray）的酒款。如果想搭配產自牧草地的食材，如賽巴提恩向牧民致敬的創作，裡頭有穀物、香草和起司，侍酒師會建議另一款具有皮朴爾白酒（Picpoul de Pinet）風格，不甜但酸度很淡的白酒。皮朴爾白酒產自朗格多克（Languedoc），喜歡吃貝類的人，愛用它來搭配拓湖（Étang de Thau）產的生蠔。

「不過，其實最完美的搭配幾乎不存在，我們一定會依據客人的喜好與季節來調整推薦的內容——或是恰當的臨場發揮。從觀景窗觀察天空是晴天或烏雲密布？來的客人是一對嗎？是來吃頓浪漫晚餐？朋友們來這裡要慶祝什麼？」塞吉歐說明。「理解顧客需求，才是一間好餐廳的原則，」除了提供各種葡萄酒外，他也監督著服務的品質。「這裡是您能夠受到充分款待、吃到美味食物、喝到佳釀，並享受獨特環境的地方。說到底，此處就是一個體驗『不平凡』的空間。您能在許多地方找到佳餚，但不一定能在所有地方都感到身心舒暢。」

鹽焗紅甜菜根，
佐阿根廷青醬與墨西哥龍蒿

Roasted red beetroot in a salt crust, Argentinian vinaigrette
and Mexican tarragon

每年 8 月中，整個餐廳團隊會籌劃一場辦在村莊廣場的夜間音樂會。有一次，我們吃了「阿根廷烤肉」（asado），當然是搭配塞吉歐做的阿根廷青醬（chimichurri sauce）。因為要寫這本書，我終於套出他的阿根廷青醬配方了！

備料

紅甜菜根 4 個
／麵粉 350 克
／粗鹽 250 克／百里香 1 把
／壓碎的粉紅胡椒粒 30 克
／蛋白 200 克

鹽焗紅甜菜根 把紅甜菜根徹底刷洗乾淨、擦乾。將烤箱預熱至 160°C（325°F）。在桌上型攪拌機裝上槳葉配件，把麵粉倒入攪拌盆中，加入粗鹽、百里香小枝和粉紅胡椒粒。混合 2 分鐘後，倒入蛋白，將所有材料攪拌成團（如果太乾，可以再加一顆蛋白）。

把麵團擀開成 5 公釐（¼ 吋）厚，包住整顆甜菜根。將包好的甜菜根放入烤箱烤 2 小時。取出，靜置 15 分鐘。

白甜菜根 500 克／洋蔥 50 克
／胡蘿蔔 50 克
／法式香草束 1 束
／火腿皮適量／粗鹽

白甜菜根泥 白甜菜根去皮後洗淨，切成小塊。洋蔥和胡蘿蔔也去皮。將甜菜根塊與洋蔥、胡蘿蔔、法式香草束、火腿皮與粗鹽一起放入醬汁鍋中，加水沒過食材，煮 30 分鐘，直到甜菜根軟化。

把甜菜根塊和一些煮汁一起打成容易塗開的泥狀，置於一旁備用。

基奧賈甜菜根 2 個

基奧賈甜菜根（CHIOGGIA BEETROOT） 用切片器將甜菜根刨成像葉子一樣、幾乎透明的薄片。邊刨邊把甜菜根片放在用一些檸檬水打濕的廚房紙巾上，以免氧化。置於一旁備用。

黃甜菜根 2 個／高山茴香風味油
（作法請參考第 119 頁）適量
／鹽

黃甜菜根 用切片器將黃甜菜根刨成細絲。抓點鹽讓它們稍微軟化後，刷上高山茴香風味油。

紅甜椒 80 克／番茄 35 克，去皮去籽後，切碎／紅蔥 40 克，切碎／大蒜 5 克，切碎／巴西利 15 克，切碎／龍蒿 5 克，切碎／羅勒 10 克，切碎／紅酒醋 100 克／橄欖油 175 克／適量艾斯佩雷辣椒粉

阿根廷青醬 先用高溫炙烤甜椒（可以在瓦斯爐台上操作、用噴槍或放到烤肉架上烤），接著去皮，用削皮刀的刀尖，會比較容易操作。將甜椒籽也去掉後，果肉切成小丁。

將甜椒、番茄、紅蔥、大蒜和香草混合均勻，接著加醋和一小撮艾斯佩雷辣椒。

所有食材和橄欖油一起用打蛋器攪拌成油醋醬的質地。可以的話，靜置 24 小時會更入味。

上桌前擺盤

墨西哥龍蒿葉
（Mexican tarragon leaves），
裝飾用

在盤子上抹點白甜菜根泥。敲開紅甜菜根外的鹽封，並將甜菜根切成四等份。再添一些黃甜菜絲與基奧賈甜菜薄片。

以阿根廷青醬調味，最後用幾片墨西哥龍蒿葉，增加一點辛香。

NOTE —— 如果沒有高山茴香風味油，也可以用榛果油或芝麻油取代。

Red run 進階挑戰

拉奇歐樂，這裡的名產是刀子、牧農和……滑雪場。

拉奇歐樂的第一位滑雪教練是「胡先生」，他同時是村子裡的麵包師傅，也就是在米修小時候（賽巴提恩小時候也是），在每年國殤紀念日，會發送「浮華士」麵包的那個人。

第一座滑雪纜車的設備還只有簡單的粗繩子，當地人稱為「連指手套」（mange-mitaines）。而滑雪道唯一的一條路線，是從拉索斯山（Mont de la Source）面對蘇給之丘滑下來，但在1960 年代，大多數的滑雪者會往更高的山丘移動，那裡是有由柴油引擎發動的滑雪纜車，且在停車場附近還有熱可可喝。

從拉奇歐樂往上的道路回顧這條路線：左邊繞過 Le Suquet (1,200 公尺／3,937 英尺) 的邊緣，右邊則是拉索斯（La Source，1,220 公尺／4,003 英尺），最後會通往奧布拉克的第一座官方冬季運動度假村——勒布伊蘇（Le Bouyssou），那裡的海拔為 1,300 ～ 1,404 公尺（4,265 ～ 4,606 英尺），這裡的「中級滑雪道」（red run）長度為 9.3 公里（5¾ 英里）。

春天的時候，賽巴提恩會來這個尖坡摘豬牙花的葉子；夏天則是採高山茴香和蓬子菜。而某年冬天，他就是在這裡學會滑雪的，後來成為塞文滑雪隊（Cévennes ski team）的一員時，也是在這裡練習比賽。

自度假村於 1970 年開始營業時，布拉斯家族的名字就和勒布伊蘇高原連在一起了。他們當時在村子中心的 Lou Mazuc 工作，同時也在「全景」（Le Panoramic）餐廳供應餐點。早在他們於 Le Suquet 建造自己房子的 30 年前，他們就已經有個心願，希望能夠訂下更高的目標。「那是奧布拉克正要開始追尋夢想的時代。」賽巴提恩說。

提供當地人民牛奶、肉品和起司的牧草地，在冬天找到另一條出路；白雪也因此成為「白色的金子」。星期六晚上，飯店和餐廳有著滿滿的人潮，有許多家庭客人是來自羅德茲、米魯的整個區域。

前 7 年的冬天都不冷，滑雪者只能在石頭上滑，也因此會避開坡道，當時餐廳的客人還不多。但當冬天終於變冷之後，就開始有大批遊客湧入，一天最高可達 600 人次。安琪兒現炸薯條的時候，米修就烤牛排。尖峰的週六午餐時段，他們甚至會在兩個不同的地方切換供餐，幾乎是相互重疊了營業時間：在 Lou Mazuc 煮完午餐後，他們就跳上後面掛著拖車的廂型車直奔「Le Pano」餐廳準備自助餐，忙完之後又要快趕回到 Lou Mazuc 準備「一泊二食」住客的晚餐，最後再開車回到山上的度假村供應晚餐，馬不停蹄的節奏真是讓他們疲於奔命。

「永遠都是同樣的問題，怎樣才能真正地做自己？」賽巴提恩還記得曾經發生過的一連串事件，當時他坐在前往「全景」的車上，當時父母正決定要在蘇給蓋一間新餐廳，其實父母的這個決定讓他很擔心。

因為在 1990 年代早期，賽巴提恩曾學過飯店管理：「老師不斷地告訴我們，『生意』要成功必須符合三項行銷準則：地點、地點、地點。」Le Suquet 的預定地是一塊介於村子和勒布伊蘇之間的牧草地，我不懂這裡能有什麼地理優勢？這是一個有風險的選擇。

「期待已經長途跋涉來到拉奇歐樂的客人，還要再穿越森林……幸好故事最後的結局是好的——或更確切地說，持續走在好的路上，原來我的父母是對的。我想行銷的準則可能忽略了一個因素：真誠。」

賽巴提恩具備農人的智慧，他知道暴風雨會摧毀種籽與農作物，但他並不畏懼。「我非常尊敬土地和人們，但我的眼光是屬於當代的——甚至是前衛的！過去的事件讓我得到很多靈感，但我真正感興趣的是未來。我本可以讓 Le Suquet 變成米修·布拉斯博物館，且絕對會成功。但是，我的料理不是要被保留下來的東西，而是跟著我的感受與疑問持續延伸下去的存在。」

因此，每年到了要滑雪的冬季，賽巴提恩就會回頭針對經典菜色進行整體評估：布拉斯奶奶的「法式牛肝菌塔」（tarte aux cèpes）如何？米修的「帶殼半熟蛋佐麵包條」，以及夏日生食版的「卡谷優」又如何？米修的「巧克力岩漿蛋糕」（現在他也用冷凍的殼來製作）有問題嗎？他獨創的、能用手指拿著吃的焦化奶油霜與焦糖馬鈴薯鬆餅表現得好不好？如果他把這些菜色全都從菜單上拿掉，又會發生什麼事？

「某個在東京的夜晚，我和三星主廚米修·特瓦葛羅討論到這件事。米修接手了父親皮耶和伯父尚（Jean）的事業，現正領軍著一間位於羅阿訥（Roanne）的世界知名餐廳。他繼承父親在 1960 年代發明的傳奇名菜——酸模鮭魚（salmon with sorrel sauce）。那是廚藝史上第一次魚沒有被醬汁淹沒，也沒有烹煮過熟的作品。

經過半世紀後，米修·特瓦葛羅考慮讓這道菜從菜單上消失，讓餐廳有新的展望。當時他的想法讓我問我自己，我呢？我也應該要把『卡谷優』拿掉嗎？但那也是我的菜，因為我很喜歡它；它符合我的價值觀，而且我讓它變得更多元，加入更多變化。可我不是創造它的人，而且有時它會讓我覺得很有負擔……」賽巴提恩很高興能拿掉一些食材，如八角，和某些他已經膩了的魚和蔬菜等元素，不過因為他深信萬物皆是一個循環，所以他對有朝一日把這些食材加回來這件事保持開放態度。而至於把整道菜從菜單上拿掉……

其實在 2010 年左右，「卡谷優」真的差點要「從此消失」了。2020 年年末時，「帶殼半熟蛋佐麵包條」也差點要從菜單上剔除。「其實選菜一直是漫長又永無止境的反思，」賽巴提恩說。「從各方面來說，這些菜代表了我人生故事的一部分。它們不只屬於我的過去，也是我的現在。」

米修·特魯瓦格羅對羅阿訥的餐廳，也做了相同的決定：菜單上不再出現「酸模鮭魚」這道菜，但會在幾個特殊場合或時機重出江湖。「經典能指引我們，」賽巴提恩繼續說。「在演進的過程中，它們會一直存在，也許在烹飪技巧細節上會經歷『現代化』，或在味道上會有所變化，但重點是，它們能夠一直讓我們和客人感到開心。它們不會阻止我們向前邁進，相反地，反而可以讓我們變得更強壯。」

賽巴提恩的所有料理都反映出他對「卡谷優」的深刻想法：他對大自然的觀察；想重現風景與感受的意圖；在他的菜餚背後隱姓埋名，這是屬於廚師的渴望；希望大自然的果實能夠原汁原味、不受人類干預地呈現在食用者面前。但這其實是一個矛盾的冀求：因為菜餚當中含有愈多直接採自園圃的元素，就表示實際上需要有愈多的人力經手。而這也是屬於廚師個人內在的探尋，也就是通往「覺察」的境界。

無論他凝視的是奧布拉克的草地或山間小溪、印度的香料市場、日本的漁獲攤、來自南美洲的簡樸料理、城市裡充滿設計感的建築，或乾石打造的牧民小屋，賽巴提恩都會好好消化、重現。「我不是試著烹煮不存在的食物，而是要料理出我們周遭的世界。如果料理是一首詩，那開頭將是真實存在的萬物。據說個人情感是能跨越語言與文化隔閡的，來自阿特拉斯山脈的烤山羊肉，和過去外婆常在拉加代勒做的烤雞一樣讓我感動，那都是大自然送的禮物，也是個人的天賦。烹飪就是給出你所擁有的。」

秋季的奥布拉克高原

水煮大黃，佐浮華士奶霜、檸檬奶霜脆片

Poached rhubarb with lemon, fouace
and orange-blossom cream

這道菜的靈感是賽巴提恩在 Le Suquet 工作頭幾年時，所創作的一道甜點。那是他很重視的回憶，因為那是米修第一次同意讓他把自己的作品放到菜單上，且無需進行任何修改。

備料

糖粉 200 克／液態葡萄糖 100 克

透明玻璃糖片（OPALINE） 將糖與葡萄糖倒入醬汁鍋中，加熱至 163°C（325°F），途中需不時攪拌。把糖漿倒在鋪有防油紙（蠟紙）的盤子或矽膠烘焙墊上。冷卻後，把它撥成塊狀放入果汁機中，攪打成糖粉。

將烤箱預熱至 150°C（300°F）。把 4 個 10×6.5 公分（4×2½ 吋）的餅乾模放在鋪了矽膠烘焙墊的烤盤上。用圓錐形濾網把糖粉撒進餅乾模裡，放入烤箱烤 5～6 分鐘，直到糖片變得像玻璃一樣透明。把烘焙墊移到工作檯上，等放涼後，用小刮刀鬆動四方形的糖片。

脂香菊葉 4～8 片，用濕布擦拭／蛋白 1 顆，打散／糖粉，撒在葉子表面用

糖晶脂香菊葉 將打散的蛋白刷在脂香菊葉上。將糖粉撒在葉面，並輕輕抖掉多餘的糖粉。放在室溫下乾燥 24 小時。

細砂糖 100 克／檸檬汁 40 克／檸檬皮屑 2 克／大的大黃莖 3 根，切成 10 公分（4 吋）小段

水波煮大黃 取一醬汁鍋，將糖與 400 克水一起煮沸成糖漿。倒入檸檬汁與檸檬皮屑，把火力調小，再繼續煮 5 分鐘。將大黃段放入糖漿中，用小火低溫泡煮到開始變軟，最後讓大黃泡在糖漿中冷卻。

奶油 75 克，軟化備用／細砂糖 112 克／麵粉 30 克，過篩／小蘇打粉 2.5 克／雞蛋 100 克／去皮杏仁 75 克，切碎／可可碎粒（cocoa nibs）37 克／糖蜜香水檸檬 25 克／浮華士麵包（作法請參考第 87 頁）或布里歐許麵包 30 克，撕成小塊

脆片（CROUSTILLANT） 將烤箱預熱至 180°C（350°F）。在桌上型攪拌機裝上槳葉配件，將軟化的奶油與糖倒入攪拌盆攪打 1 分鐘至泛白。加入過篩的麵粉和小蘇打攪打，接著一次倒入 1 顆蛋。

倒入剩餘的材料，輕輕地用刮刀拌合。把麵糊倒在鋪有防油紙（蠟紙）的烤盤上，攤平至 3～4 公釐（約⅛吋）厚，放入烤箱烤 10 分鐘。

浮華士麵包 100 克，切成厚度 1 公分（½ 吋）片狀／吉利丁片 1 片／牛奶 150 克／奶油 6 克／法式榛果糖 2 克／細砂糖 25 克／橙花水 20 克／打發鮮奶油 120 克

浮華士奶霜 將烤箱預熱至 150°C（300°F）。把浮華士麵包片放入烤箱烤 10 分鐘左右，直到變成淺金黃色。麵包放涼後，用果汁機打成粉，取 60 克備用。吉利丁片用一點冷水泡軟後，擰乾。將牛奶、奶油、法式榛果糖和糖倒入醬汁鍋中煮沸，接著加入吉利丁、浮華士麵包粉和橙花水拌勻。在混合物剛好要定型（約 35°C／95°F）之前，倒入打發鮮奶油，攪拌均勻，冷藏備用。

白乳酪（或夸克起司或希臘優格）140 克／香水檸檬屑 2 克／檸檬汁 20 克／糖粉 16 克

香水檸檬奶霜 將所有材料攪拌至滑順。

上桌前擺盤

大黃薄片，裝飾用

把浮華士奶霜整成橢圓橄欖狀，放到盤上。將水波煮大黃擺放整齊後，疊上四方形透明玻璃糖片。撒一些脆片，再加香水檸檬奶霜及糖晶脂香菊葉。最後飾以一片大黃薄片即完成。

Glossary 詞彙表

亞里戈（ALIGOT）：阿韋龍省的特產，用新鮮的多莫起司和馬鈴薯泥製成（中世紀時用的是麵包，而不是馬鈴薯）。

灌叢帶溝渠（BARTAS）：充滿各種野生香草的疏灌叢（shrubland）溝渠。在「奧克語」（Occitan）中，barta 是「灌木叢」的意思。

下水（動物內臟）（BÉATILLES）：一開始是指修女的手作小物，後來用來表示加到燉菜和肝醬（pâtés）裡的美味小東西（公雞雞冠、蘑菇等）。和「內臟」同義。

博拉爾德（BORALDE）：出現在奧布拉克高原上的溪流，最後會流進洛特河。

布隆（BURON）：奧布拉克高原上的牧民小屋，也是製作起司的地方。

布隆尼耶（BURONNIER）：奧布拉克高原上的牧民，也是製作起司的人。

精緻小點「咖納耶里」（CANAILLERIE）：Le Suquet 取的名字，專指甜品後的特色精緻小（甜）點，如酒心糖。類似烘焙一口小點或其他迷你小點的概念。

僧帽（CAPUCHIN）：一種用裸麥和蕎麥做的煎餅，捲成甜筒狀後，放入許多不同的食材（冷肉、蔬菜、起司、新鮮香草或水果），可拿著邊走邊吃。這是米修·布拉斯在弟弟安德烈和賽巴提恩幫忙下，創作出來的作品。

旺火（COUP DE FEU）：原意是指不小心把一道菜燒焦了。現在用來表示用餐人潮湧入的尖峰時期，相當於廚師最忙碌的時刻。在 Le Suquet 是指兩個時段——12：30 ～ 13：30 和 20：30 ～ 21：00。

牲畜道「得來葉」（DRAILLE）：指的是牧民「布隆尼耶」和他們的獸群在季節性移牧時走的牲畜道或小徑。

艾希爾（ÉCIR）：法國中央高原上的旋風，冬天時很強勁，會吹出雪堆。同時也是拉奇歐樂揚山合作社做的一種起司，這種起司質地柔滑，有清新的奶味。

集市（FOIRAIL）：畜牧市場。

浮華士（FOUACE）：阿韋龍省的布理歐許麵包，賽巴提恩·布拉斯在製作時，喜歡加入橙花水添加風味，且在烘烤時，會烤到出現深褐色的脆殼。在「奧克語」中，foassia 是「在灰燼底下烹煮」的意思，來自拉丁文 focus，意指「爐床」。

高圓筒起司（FOURME）：「奧克語」的「起司」。

卡谷優田園（嫩蔬）沙拉（GARGOUILLOU DE JEUNES LÉGUMES）：米修在 1980 年構想出來的經典名菜，包含大約 60 ～ 80 種不同的蔬菜、香草、花卉、葉子、嫩枝、發芽種籽和根類蔬菜。這道菜從出現後就不斷經過更新和再造。這是向大自然致敬的頌歌，其名來自當地牧民的一道料理。

凝乳（MILK CURD）：綿羊奶、山羊奶或牛奶經過擠壓去除乳清，並輕度發酵後的產品（請參考「多莫起司」）。

奶皮（MILK SKIN）：全脂生乳放到醬汁鍋中經加熱後，在表面凝結的鮮奶油。這個食材廣泛用於 Le Suquet 的料理中。

味噌（MISO）：用黃豆、米和／或大麥、鹽和麴（koji，一種用來當成發酵介質的真菌）做成的日本發酵醬料。賽巴提恩用聖弗盧爾普拉尼耶的亞麻色扁豆取代米和大麥。

米旺（MIWAM）：賽巴提恩 2006 年的作品，是用兩片穀物鹹可麗餅夾著各種食材（起司、冷肉、蔬菜或香草），適合外帶且方便在行進間拿著吃。

調味品尼亞克（NIAC）：和調味料同義：是種醬、（肉）汁、碎屑或其他任何用來增添 Le Suquet 料理風味的元素。布拉斯從法文字 niaquer 衍生創造出這個新字，niaquer 的意思是「咬」。

帶殼半熟蛋佐麵包條（OEUF MOUILLETTE）：Le Suquet 在正餐前會送上的一道經典菜色：是水煮蛋的變化版，在蛋中加了香草奶霜、香味油和醋，並用烤麵包條「士兵」蘸著吃。

帕斯卡德（PASCADE）：一種農人在早上 10 點左右吃的歐姆蛋餅或超厚鬆餅。

出菜口（PASS）：料理在送往用餐區前，會放在此工作區。這裡是廚房裡的「中控台」，賽巴提恩會親自站崗。

看守者（PASTRE）：「奧克語」中「牧民」的意思。也是一種用豬胸骨附近的肉和細骨做的鹽漬香腸。

殺豬（PÈLE-PORC）：在農場現宰豬隻並當場分切。

山丘（PUECH）：「奧克語」中的「丘陵」或「山」，來自拉丁文 ped（低高度）。

蘇給之丘（PUECH DU SUQUET）：Le Suquet 餐廳的所在地，是一座小山丘的頂端，可以俯瞰奧布拉克的拉奇歐樂。

漿果薯蕷（RESPOUNCHOU）：是爬藤植物漿果薯蕷（black bryony）的「奧克語」名稱，它的莖非常細，可見於樹籬和灌木叢中。阿韋龍省當地居民認為漿果薯蕷可以吃，會把它當成野生蘆筍享用，特別是加在歐姆蛋餅裡。這種植物摘掉

紅色果實（果實有毒），用醋清洗乾淨後，就可以直接生吃，或稍微煮一下。

奧佛涅起司薯餅（RÉTORTILLAT）：奧佛涅起司薯餅（truffade）的另一個名字，用煎馬鈴薯、新鮮多莫起司和拉奇歐樂起司製成。

後廚房／洗滌室（SOUILLARDE）：在傳統阿韋龍省房屋中，用來當食材儲藏室的一個獨立房間。

多莫起司（TOME）：輕發酵牛奶壓製而成的新鮮起司，著名用途是製作亞里戈和奧佛涅起司薯餅。

TOURTE 麵包：一種圓麵包。Le Suquet 製作的一個重達 1.1 公斤（2½ 磅）。

季節性移牧（TRANSHUMANCE）：牲口從山谷移動到高海拔牧草地的季節性遷移，時間為每年的 5 月 25 日開始，到 10 月 13 日為止。

「特里普」小牛肚捲（TRIPOUS）：一道用小牛肚、火腿、火腿皮、大蒜和巴西利製成的料理。

奧佛涅起司薯餅（TRUFFADE）：請參考 rétortillat，也可參考第 32 頁。

乳清（WHEY）：奶類凝固、過濾後，流下來的液體，也是壓牛奶多莫起司時，流出來的液體。賽巴提恩會用乳清，而不用鮮奶油來做自己的奶油。

湯葉（YUBA）：豆漿加熱後，凝結在表層的薄皮。

布拉斯家族（由左到右：米修‧布拉斯、吉娜特和膝上的賽巴提恩、艾利安、安琪兒、馬塞爾、安德烈和膝上的穆里爾 [Muriel]，
以及喬西特 [Josette]），攝於 1973 年

Chronology 年表

1954 米修的父母——安琪兒與馬塞爾·布拉斯在拉奇歐樂村莊中心,開了 Lou Mazuc。

1963 米修·布拉斯 17 歲時,開始進入廚房工作。

1968 米修的妻子——吉娜特·布拉斯加入家族事業,慢慢接手餐廳的管理工作,同時也自學成為侍酒師。

1978 米修與吉娜特接管 Lou Mazuc,並從高特米魯(Gault Millau)那裡得到第一個美食優越評比,得到 15 分(滿分為 20 分)。

1981 Lou Mazuc 獲頒米其林一星。

1987 餐廳得到第二顆米其林星星。

1992 米修與吉娜特開了 Le Suquet,是一間俯瞰拉奇歐樂村落的飯店餐廳。

1995 米修的兒子——賽巴提恩·布拉斯在服完兵役後,進入 Le Suquet 工作,當時他 24 歲。

1999 Le Suquet 榮獲米其林三星評鑑。

2002 米修和賽巴提恩在北海道的溫莎飯店開了日本第一間布拉斯餐廳。

2007 米修和賽巴提恩在米約高架橋的休息站開了一間小店,販售「僧帽」。

2008 Éditions du Rouergue 出版《米修·布拉斯的必備美食:法國、奧布拉克、拉奇歐樂》(*Essential Cuisine Michel Bras: Laguiole, Aubrac, France*)的英文版。

2009 賽巴提恩與他的妻子薇若妮卡接管 Le Suquet。

2012 由保羅·拉科斯特(Paul Lacoste)拍攝的紀錄片《米其林廚神:美味的傳承》(英文版 *Step Up to the Plate*,法文版 *Entre les Bras, La Cuisine en héritage*),在戲院上映。

2014 米修和賽巴提恩在羅德茲的蘇拉吉博物館(Musée Pierre Soulages)開了布拉斯咖啡館(Café Bras)。

2016 賽巴提恩獲 Omnivore Food Guide 評為「年度創作者」。

2017 賽巴提恩將三星榮耀歸還給《米其林指南》。

Éditions du Rouergue 出版《布拉斯家族的宴席》(*Bras, Petits Festins*)。

布拉斯家族在拉奇歐樂開了一間店面,販售「布拉斯宇宙」的商品(精緻美食、刀具和桌布等)。

2018 布拉斯家族在拉奇歐樂開了出租型住宅 Val d'Aubrac house。

Éditions du Rouergue 出版《布拉斯家族的甜點料理》(*Bras, Dessert*)。

2019 Éditions Plume de carotte 出版《布拉斯家族花園之味》(*Bras, Le Goût du Jardin*)。

2021 米修和賽巴提恩在巴黎「皮諾私人美術館 - 巴黎商業交易所」開了一間餐廳「穀物大堂」(Halle aux Grains)。

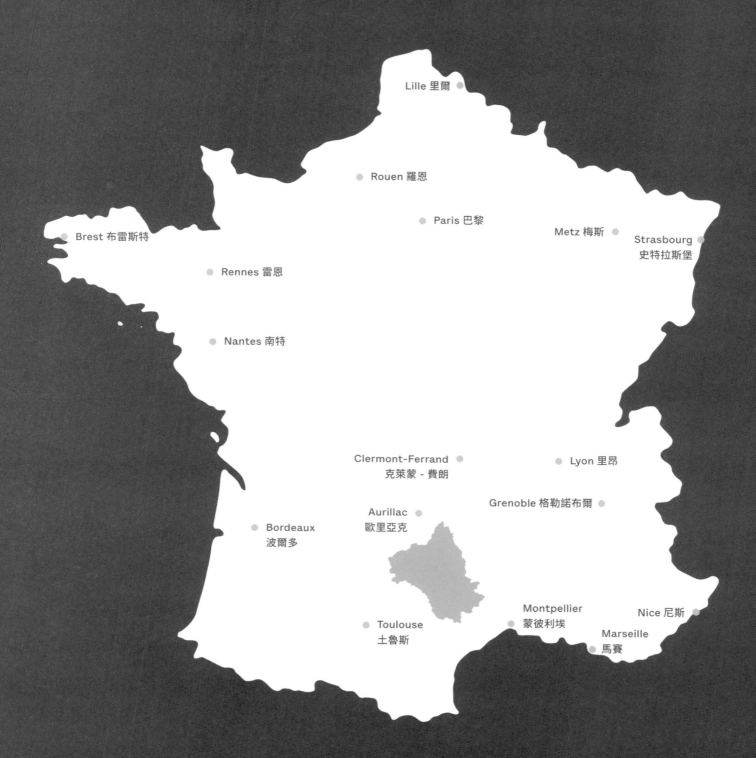

France 法國

Lille 里爾

Rouen 羅恩

Paris 巴黎

Metz 梅斯

Strasbourg
史特拉斯堡

Brest 布雷斯特

Rennes 雷恩

Nantes 南特

Clermont-Ferrand
克萊蒙 - 費朗

Lyon 里昂

Grenoble 格勒諾布爾

Aurillac
歐里亞克

Bordeaux
波爾多

Montpellier
蒙彼利埃

Nice 尼斯

Toulouse
土魯斯

Marseille
馬賽

0   100 英里

0   100 英里

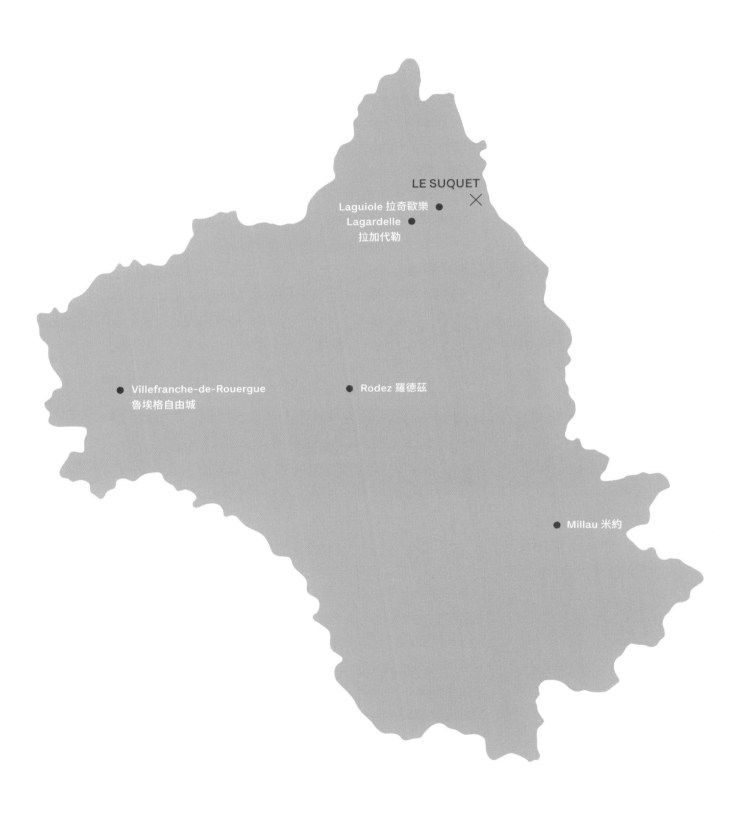

Aveyron 阿韋龍省

LE SUQUET

Laguiole 拉奇歐樂 ●
Lagardelle ●
拉加代勒

Villefranche-de-Rouergue ●
魯埃格自由城

Rodez 羅德茲 ●

Millau 米約 ●

0   10 公里

0   10 英里

Index 索引

植物蔬果類

「大根」蘿蔔 Daikon radish 119

「白冰柱」蘿蔔 'White Transparent' radish 118

「克拉帕丁」甜菜根 'Crapaudine' beetroot 119、224

「紅俄羅斯」羽衣甘藍 Red Russian' kale 118

「鈴鐺」胡蘿蔔 'Grelot' carrot 110

丁香 cloves 58、64、96、100、124、142、182

七葉膽 Jiaogulan 110

三色堇 Pansy 111

大波斯菊 cosmo 102、168

大黃 rhubarb 53、87、111、118、120、258

大蒜 Garlic 26、29、30、32、58、60、70、83、84、90、92、96、100、105、111、117、120、122、124、142、154、172、182、192、195、196、198、204、212、224、242、248、252、261

大麗花 dahlia 168

小地榆 salad burnet 92

小松菜 Komatsuna 111

小寶石萵苣 Little Gem lettuce 177

山椒葉 Sansho leaf 120

山酸模 Maiden sorrel 111、112

巴西利／歐芹 Parsley 74、96、114、142、182、192

心形葉變色龍魚腥草 Heart-leaved Houtuynia 'Chameleon' 110

日本水菜 Mizuna 111

日本柚子 yuzu 64

月見草 Oenothera 102

毛豆仁 green soy beans 38

水芹 Garden cress 110

牛皮菜 chard 38、50、74、104、110、118、119、162

牛肝菌 Ceps (porcini) 26、122、124、240、242、255

牛眼雛菊 Ox-eye daisy 111

牛膝草 Hyssop 110

冬木 Winter's bark 111、114

去皮黃豌豆 yellow split peas 172、228

古巴菠菜葉 Cuban spinach leaves 154

奶油瓜 butternut squash 220

奶滑鹿花菌 Gyromitra 84、240

玉米石 white stonecrop 228

白／藍琉璃苣 Borage 105、110、120

白玉草 Bladder campion 110

白色花椰菜 Cauliflower 114、119、134

白芥末 White mustard 111

白詩南葡萄 Chenin 250

白蘑菇 button mushroom 195、242

冰花 ice plant 105、214

匈牙利藍色南瓜 Hungarian blue squash 110

安丘乾辣椒 ancho chilli 142

肉豆蔻 nutmeg 64、142、154

艾斯佩雷辣椒 Espelette pepper 60、134、252

艾蒿葉 mugwort leaves 84

衣索比亞芥末 Ethiopian mustard 110、214

西洋蓍草 Yarrow 111

旱金蓮 nasturtium 98、111、120、128

杜拉斯 Duras 226

亞美尼亞地榆 Sanguisorba armena 111

亞美尼亞黃瓜 Armenian cucumber 119

到手香 country borage 105

刺甘草 Glycyrrhiza echinata 110

委陵菜 Potentilla 111

岩地海蘆筍 rock samphire 105

帕西亞乾辣椒 pasilla chilli 142

拉姆森（野蒜） wild garlic (ramsons) 83、92、111、204

昂登 Ondenc 226、250

松乳菇 Milkcaps 240、242

松露 Truffles 29、46、60、66、70、144、177、240、248

法國酸模「銀盾」 Silver Shield 110

芫荽 Coriander (cilantro) 110、112、117、120、124、134、142

芫荽花 (cilantro) flowers 120、124

花蔥 Jacob's ladder 92、110、120

花葵 tree mallow 168

金色日本穗甘松 Golden Japanese spikenard 120

金色穗甘松 golden spikenard 92、110

金時草／紅鳳菜 Kinjiso 56

金雀花 broom 118、119、168

金魚草 Snapdragon 111、120、168

金鈕釦（天文草） Paracress 111、214

金黃雞油菌 Chanterelles 240

青蘋果 Granny Smith apple 154

非洲芥菜 Ethiopian mustard 110、214

非洲纈草 African valerian 92、110

俄羅斯紫高麗菜 Russian red cabbage 111

俄羅斯鼠尾草 Russian sage 120

星芹 Masterwort 111、201

春綠甘藍 Spring greens 111、119

洋茴香 aniseed 60、64、98、105、117、128、142、232

洋椿屬 Cedrela 110

洋蔥 Onions 30、60、74、80、84、90、92、96、114、118、119、134、142、172、182、192、196、212、214、220、224、242

珍珠洋蔥 pearl onions 214

皇宮菜 Malabar spinach 119、130

砂勞越黑胡椒 black Sarawak pepper 222

秋海棠 Begonia 110、120、124

紅山菠菜 Red mountain spinach 119

紅脈酸模 Wood dock 111、112、120

紅邊水仙 poet's narcissus 126

胡椒薄荷 Peppermint 111

茄子 Aubergines (eggplant) 100、119

茉莉芹 cicely 105、111、120

風鈴草　Campanula　120

飛碟瓜　pattypan squash　84、119、130

香水檸檬　citron　87、105、178、258

香葉芹　chervil　60、110、112、232

香蜂草　Lemon balm　111

泰國青檸　makrut lime　40

海葡萄　umibudo　105

海蘆筍　Samphire　105、119、120

紐西蘭菠菜　New Zealand spinach　105、111

脂香菊　costmary　92、110、191、258

茗荷　Myoga　58

草地蘑菇　field／meadow mushrooms　196

草莓菠菜　spinach-strawberry／Strawberry blite　102、111

馬交朝鮮薊　Macau artichoke　38、119

馬鞭草　verbena leaves　162

高山茴香　Bald money (spignel)　14、67、83、100、110、117、119、120、126-128、252、254

假羊肚菌　false morel　240

剪秋羅　Campion　110

基奧賈甜菜根　Chioggia beetroot　252

康定鼠尾草　meadow clary　105

康普雷格納克松露　Comprégnac truffles　29、70、71

捲葉紫蘇　Curly perilla　110

接骨木莓　elderberry　117、119

旋果蚊子草／繡線菊　meadowsweet　40、44、119

梅爾檸檬　Meyer lemon　178

甜三葉草　Sweet clover　44、47、214

甜萬壽菊　Sweet mace　111

野苣　cornsalad　214

魚翅瓜／金絲瓜　spaghetti squash　130

鹿角菜　buck's horn plantain／minutina　105

鹿花菌　Gyromitra　84、240

普通纈草　common valerian　92、110、120

朝鮮薊　Artichokes　38、114、119、122

棕芥末　Brown mustard　110

森林莓果　forest-fruit　207

植栽束（類型）　Bouquets (typologies)　102、105

硬柄小皮傘　fairy ring mushrooms／Marasmius oreades　242

紫色蒜花　garlic flowers　120、204、242

紫苑花　aster　168

紫茴香／古銅茴香　Bronze fennel　58、110、168

紫草花　Comfrey flowers　110

結頭菜　kohlrabi　117、119、201

菊苣　Chicory (Belgian endive)　60-61、62-64、168、195

菊蒿　Tansy　40、44、111

萊濟尼昂甜洋蔥　Lézignan sweet onion　186、196

貼梗海棠／刺梅　Japanese quince　168

越南香菜　Vietnamese coriander　111、114、124

酢漿草　Wood sorrel　111、112

酢漿薯　oca　214

開花櫛瓜　Flowering courgette(zucchini)　110

黃水仙　daffodil　92、168

黃芝麻葉　yellow rocket　90

黑孢松露　Tuber melanosporum　248

黑葉甘藍　cavolo nero　156

黑醋栗　blackcurrant　44

黑蘿蔔　black radish　228

圓葉當歸　lovage　74、92、111、112、117、119、154、182、248

瑞士甜菜　Swiss chard　118

碎米薺花　Cardamine flowers　90

義大利鵝形瓜　Tromboncino　156

聖喬治蘑菇　mousseron／St George's mushroom　240、242

萬壽菊　Marigold　64、111、118、120、168、191、196

葛縷子　Caraway　110

葡拉　Prunelard　226

葡萄牙蒜　Portuguese garlic　111

葡萄柚花椒莓　timut pepper　220

葡萄園油桃　nectavigne　237

過江藤屬植物　Lippia　156、166

榲桲　quince　60、168、201、220、238

綠洋茴香　green aniseed　142

蒔蘿　Dill　50、110、172

蒜芥　Garlic mustard　90

蒜苔　Garlic buds　120

蒺藜　thistle　184

辣根　Horseradish　110、118

酸模　sorrel　61、92、105、110、111、112、255

銀蓮花　anemon　168

鳳梨鼠尾草　pineapple sage　105

墨西哥香草　Hoja santa　70、110、156

墨西哥綠番茄　Tomatillo　111、118

墨西哥龍蒿葉　Mexican tarragon leaves　252

歐洲花楸　rowan　168

歐洲金盞花　Field marigold flowers　120

歐洲海甘藍　Sea kale　119、142、146

漿果薯蕷　Respounchou／black bryony　198、204、261

皺葉甘藍　Savoy cabbage　119

蓬子菜　Bedstraw　60、82、100、117、119、184、185、254

蝦夷蔥　Chives　64、110、114、117-119

豬牙花　Dog's-tooth violets　83、92、110、204、244、247、248、254

豬草種籽　Hogweed seeds　124

燈籠果　physali　168

穆拉托乾辣椒　mulato chilli　142

糖薑　crystallized ginger　64

蕁麻　nettle　184

蕈菇　Mushrooms　60、84、114、117、122、124、195、196、207、240、242、260

蕪菁　turnip　38、98、117、119、122、130、214、228

貓薄荷　catmint　105、110、117、120

龍蒿　tarragon　252

龍膽　Gentian　40、44、105、126

龍膽鼠尾草　gentian sage　105

繁縷　Chickweed　110

雙色莧菜　Bicolour amaranth　119、120

雞油菌　Girolles　122、240、242

藿香屬植物　giant hyssop　70、105、110、120、238

蘆筍　Asparagus　47、53、90、92、105、117、118、128、198、261

麝香香葉芹　Musk chervil　232

海鮮類

大菱鮃　turbot　201

小螯蝦　langoustine　130

毛蟹　horsehair crab　56

北極鮭魚　Arctic char　53、72、198

紅娘魚　gurnard　84、201

紅魽　greater amberjack　201

海鯛／鯛魚　sea bream　98、201

梭鱸魚　pikeperch　70

黑線鱈　haddock　98

褐鱒　brown trout　198、204

螃蟹　Crab　56

藍蟹　blue crab　56

鯖魚　mackerel　100

鯷魚　Anchovies　38、84、196

鱈魚　cod　47、48、60、61、201

肉類

內臟　Offal　53、182、188、191、260

牛肉　Beef　15、18、19、26、56、60、122、126、194、195、207、208、211、222、224、244、245、246、247、248

牛肩胛肉　beef chuck steak　224、248

羊心　lamb hearts　212

羊肉　mutton　74、244

羊骨髓　amourettes　84

利穆贊牛　Limousine　244

兔肉　rabbit　60、72、130、156、222、244

肥育的雞　poularde　188

夏洛萊牛　Charolais　244、247

珠雞　Guinea fowl　188、191、222

高地牛　Highland　244

側腹牛排　beef flank steak　224

帶骨鴨身　mallard crown　142

鹿肉　Venison　220

菲力　fillet　60、70、87、100、188、196、204、220、247、248

蛙肉　Frog　96、198

黃腳雞　pattes jaunes　188

綠頭鴨　Mallard　142

豬肉　Pork　30、53、74、122、124、142、146、212、226、244、248

豬腳／蹄膀　Ham hock　53、80

薩勒牛　Salers　244

韃靼生牛肉　tartare　247

蛋奶類、奶製品

牛奶慕斯　Milk mousse　54

牛奶醬　Milk jam　54、67、234、238

牛乳凝乳　Cow's milk curd　14、244

奶皮　Milk skin　19、50-51、53、54、56、58、61、67、87、201、260

未經巴氏殺菌的牛奶（生乳）　Unpasteurized milk　15、25、51、54、66、67、96、126、186、261

白乳酪／夸克起司／希臘優格　fromage blanc　154、258

多莫起司　Tome　29、30、32、66、67、192、195、260、261

老羅德茲起司　Vieux Rodez　122、124、154、212

艾希爾　Écir　25、32、153、154、192、260

克菲爾　Kefir　92、96、186

乳清　Whey　19、29、67、126、154、184、247、260、261

乳醬　Emulsion　25、46-47、60、64、112、122、128、191、240

帕科里諾　pecorino　122

拉西　Lassi　66-67

洛克福藍紋起司　Roquefort　15、66、72、74

虹吸乳醬　siphoned emulsion　25

康塔爾（起司）　Cantal (cheese)　66、67、126

淡鮮奶油　whipping cream　30、54、64、70、80、154、162、166、178、212、238、271

費塞勒白起司　faisselle　192

瑞可塔起司　ricotta　146

義大利蛋白霜　Italian meringue　154、174、178

赫奎特起司　Recuite　154、184

澄清奶油　Clarified butter　30、70、80、192、220

穀物堅果豆類

毛豆仁　green soy beans　38

卡莎　Kasha　112、195

布格麥　bulgur　172

杏仁　Almonds　40、84、134、142、162、174、177、178、207、230、232、258

杜蘭小麥粉　fine semolina　182

豆漿　Soy milk　56、58、261

亞麻色扁豆／普拉尼耶扁豆　blonde lentil　56、58、122、154、188、260

爬藤扁豆　Helda beans　70

扁豆　Lentils　60、122、154、188、191、195、247

洋薏米／珍珠大麥　Pearl barley　172

納豆　Natto　56

馬可那杏仁　Marcona almonds　134

荷蘭豆　snow peas　48、53、119、130

斯貝爾特小麥　Spelt　98、100、120

聖菲亞克蠟豆　St Fiacre wax beans　156

翼豆　Asparagus peas　118

藜麥　quinoa　120、172

麴　Koji　56、58、260

櫸果　beechnut　214、242

鷹嘴豆　chickpeas　38、54、117、195

加工食品、調味料

「納爾達盧」香腸　Nardalou　53

Pastre 香腸　Pastre (sausage)　53、122、124、261

大黃油醋醬　Rhubarb vinaigrette　120

干邑　cognac　192

北杏精　bitter almond extract　232

巧克力糖皮　Chocolate coating　40

白巴薩米克醋　white balsamic vinegar　146

皮朴爾白酒　Picpoul de Pinet　250

艾特雷克葡萄酒　Entraygues wines　250

李子核仁油　plum kernel oil　134

芝麻鹽　Gomasio　90、117、186

印度酸辣醬　Chutney　134

勇氣香腸　Courade　53、182

柑橘醋　Citrus vinaigrette　64

紅酒醋　Red wine vinegar　64、134、146、154、224、248、252

風味油　infused oils　50、261

香草油醋醬　Herb vinaigrette　112

夏翠絲酒　Chartreuse　40、44

班努斯酒醋　Banyuls wine vinegar　220、224

酒　Alcohol　40、44、142

馬西雅克　Marcillac　250

馬桑德拉甜酒　Massandra Nectar　250

馬斯科瓦多黑糖　Muscovado sugar　40、60、64、224、244

異麥芽酮糖醇　isomalt　54、84

第戎芥末醬　Dijon mustard　124、146、172、228

莫札克（葡萄酒）　Mauzac　226、250

焦糖　Caramel　54、61、98、128、149、162、164、166、186、224、234、238、255

給宏德鹽之花　fleur de sel de Guérande　90

奧良醋　Orleans vinegar　134、154、242

艾斯佩雷辣椒粉　Espelette pepper　60、134、252

煙燻紅椒粉　paprika　119

義大利檸檬甜酒　Limoncello　40

萬壽菊油　marigold oil　64、196

葡萄酒　Wine　29、168、226、250-251

瑪薩拉酒　Marsala　177

蜜李利口酒　plum liqueur　44、142

酸豆橄欖醬　Tapenade　196

歐坦（葡萄酒）　Autan　226、250

諾拉辣油　Ñora chilli oil　182

諾拉辣椒　ñora chilli pepper　182

調味品尼亞克　Niac　14、60、98、110、117、174、177、180、207、214、222、228、232、261

龍膽利口酒　Gentian liqueur　40、44

檸檬醋　lemon vinegar　134

料理名詞

（餐後）精緻小點　Canaillerie　40、67、84、98、164、242、260

「博塔加」烏魚子　bottarga　194、196

千層酥皮麵團　Puff pastry　74、271

大蒜高湯　Garlic broth　198、204

大蒜橄欖油香草湯　Aïgo boulido　84、198

分子料理　Molecular gastronomy　46、47

半熟蛋糕　mi-cuit　174

卡谷優　Gargouillou　14、23、56、84、102、114-115、116、117、118-119、120、122、164、168、194、230、250、255、260

正餐前的精緻小點　Amuse-bouche　50

瓦片脆餅　tuiles　47、164

冰流蛋糕　coulant glacé　177

米旺　Miwam　56、83、98-100、208、260

米蘭炸小牛肉排　veal Milanese　122

乳酸發酵　Lacto-fermentation　32, 58, 119, 128, 172

亞里戈起司薯泥　Aligot　25、29、30、32、46、66、67、137、194、195、260、261

岩漿蛋糕　Coulant　14、40、46、56、72、84、149、164、166、174-175、176-177、178-179、194、195、255

帕斯卡德（鬆餅）　Pascade (pancake)　50、51、53、74、98、261

油炸蜜李餡餅　rissoles aux pruneaux　234

油酥皮　Shortcrust pastry　178、232

法式牛肉清湯　Beef consommé　224、248

法式野味清湯　Game consommé　220

法式蔬菜高湯　Court bouillon　38、100、117、118、124、212

阿根廷餡餃　empanada　234

洋蔥青苗高湯　Onion-top stock　96

烤丘鷸　rôtie de bécasse　188

純素者　Vegan　195

素食者　Vegetarian　98、195

酒心糖　Liqueur bonbons　40、44、260

馬林糖　meringue　195

馬鈴薯「溝槽」　Potato gouttière　164-165、166、208

馬鈴薯鱈魚泥　estofinado　201

高湯　Stock (broth)　48、58、61、64、80、90、96、112、117、118、120、124、134、172、182、212、224

帶殼半熟蛋佐麵包條　OEuf mouillette　50、84、230、255、261

球狀法國麵包　boule　194、228

街頭小吃　Street food　14、83、98

奧佛涅起司薯餅　Rétortillat ／ truffade　32、192、261

義大利餛飩　Tortellini　122

濕潤蛋糕　moelleux　14、174

翻糖蛋糕　fondant　14、166、174

蘭姆酒燒椰棗　rum and deglazed dates　180

賽巴提恩·布拉斯的致謝辭

我要特別感謝：

我的妻子薇若妮卡，她堅定不移的支持、持續的協助、對於飯店發展的寶貴意見，還有看待我的方式。也要謝謝我倆與我們的兩個孩子——芙蘿拉與阿爾班，共同組織的家庭。

芙蘿拉，她和我一樣熱愛攝影和奧布拉克，她對攝影很有天份，且眼光獨到又敏銳。

阿爾班，他和我一樣很愛運動。他現在正在庇里牛斯山脈裡讀書，他不斷地試做各種料理，讓所有創意化為實際。

我的母親吉娜特，她總是用如此美麗又高雅的鮮花妝點飯店。

我的父親米修，感激他在交接時期對我的信任，也謝謝我父母傳承給我的價值觀。

瑞吉斯，他是忠誠的好友，也是盡忠職守的左右手。他從未讓我們失望：非常可靠，是我們家族的一份子。

賽吉歐，同樣要謝謝他對飯店忠心耿耿，協助引入他故鄉阿根廷的事物，我們感到非常榮幸，也要謝謝他介紹給我們的各種美食。

安德烈，他是 DIY 界的天才，好幾次救了我們。

維多（Victor），他細心又一絲不苟，積極參與了許多次的試作。

克勞蒂亞（Claudia），她具有甜點方面的才能，感謝她聲音起伏的說話腔調和來自地中海沿岸國家的幽默風趣。

我的岳父母，妮可（Nicole）偶爾是我們的「代筆寫手」，而克勞德（Claude）則要謝謝他的努力與奉獻。

詹姆斯和他的綠手指：他種的農作物和醉魚草屬植物（buddlejas），每天都啟發著我們，帶給我們很多靈感。

我們的顧客：那些發現「布拉斯之家」（飯店）和其他布拉斯旗下事業的人。我們非常感謝他們多年來不變的支持。

班傑明·吉哈德（Benjamin Girard），長久以來，無論任何情況他都在我們身邊。多謝了，班傑明。

皮耶·凱瑞，感謝他絕佳的文筆，如此完美地捕捉這塊土地與當地居民的感受。

班傑明·舒馬克（Benjamin Schmuck），他鏡頭下的奧布拉克四季真的超美。

安 - 克萊爾·哈羅德（Anne-Claire Héraud），謝謝她用開放中帶點明敏的角度看待我的作品。

我們的供貨商，感謝他們忠誠地把最棒的商品帶來我們面前。

平面設計公司 Studio Voiture 14 的安和紀堯姆·布拉（Anne and Guillaume Bullat），他們這幾年已經幫我們創造出相當銳利的平面圖像標記。

給費頓出版社（Phaidon），海琳·加洛瓦 - 蒙布蘭（Hélène Gallois Montbrun）用她的堅韌與熱誠，帶領我們完成這個案子；謝謝妳，海琳。還有艾蜜莉亞·泰拉尼（Emilia Terragni）和尚 - 馮索·杜蘭斯（Jean-François Durance）從這個案子一開始就大力支持；阿黛拉·寇里（Adela Cory），謝謝妳細心照料這本書的製作；還有露西·倪德雷（Lucie Nédellec）和露西·金格特（Lucy Kingett）的專業編輯。

賽巴提恩和皮耶·凱瑞也想謝謝下列人物對本書的貢獻：Albert Adrià、Maria Barrutia、Cédric Bourassin、Simone Cantafio、Christophe Chaillou、Yannick Colombié、Lucien Conquet、Florence, Thibault、Jeannette 和 Didier Dijols、Pierre Gagnaire、Michel Guérard、Pierre Hermé、Matthieu Laurens、Bernard Plageoles, Daniel Raymond、Laurence 和 Franck Roualdès、Yves Soulhol、Franck Bourrel，以及 André Valadier（第126頁）。

食譜筆記

1. 所有食譜皆為 4 人份。

2. 除非特別說明，否則奶油一律使用無鹽奶油、雞蛋的尺寸是大號（美國的特大號）且有機的、牛奶是半脫脂（低脂）、鹽是細（顆粒）鹽，而所有的香草都是新鮮香草。

3. 鮮奶油除非特別說明，否則一律使用淡鮮奶油（乳脂 35%）。

4. 橄欖油除非特別說明，否則一律使用初榨橄欖油（virgin）。

5. 麵粉除非特別說明，否則一律使用中筋麵粉。

6. 蔬菜和水果，如洋蔥和西洋梨，用的是中等尺寸，且應該去皮和／或洗淨。

7. 若要取用柑橘的皮屑，請選擇有機、未加工處理的水果。

8. 食譜中的烹煮時間僅供參考，因為每具爐子和烤箱的火力各異。

9. 如果您用的是旋風烤箱，請遵照製造商的說明，調整溫度。

10. 油炸時，若要確認油溫是否夠高，可丟一塊乾硬的麵包丁觀察看看。如果在 30 秒內就炸至金黃，表示油溫已達 180～190°C（356～374°F），是適合大部分情況的理想溫度。

11. 操作食譜中可能會發生危險的步驟時，如高溫、火焰或油炸，請小心謹慎。尤其是油炸時，請慢慢地將食材拿低放進熱油裡，以避免油濺起，穿長袖衣物可保護您的手臂，且在烹煮過程中，要隨時注意油鍋情況，絕對不可離開。

12. 有些食譜內包括生的，或只烹煮極短時間的蛋、肉、魚、或發酵食物，年長者，嬰兒、懷孕婦女、處於康復期的病人和任何免疫系統受損的人士，都應避免食用這類料理。

13. 有些食譜用的是異國料理特有的食材，您可以上網或到專門販售的食材行購買。

14. 如果用量未特別說明，如油、鹽和香草的量，再請您自行斟酌。

15. 食譜中大匙和小匙的量，皆是指「平匙」。

16. 全書食譜用量對照：1 小匙 =5 毫升，1 大匙 =15 毫升

17. 千層酥皮（請參考第 74 頁）：千層酥皮「四摺法」（double turn）是將酥皮擀開成長長的矩形，接著把上面 ¼ 的麵皮往中間折，下面的 ¼ 也往中間折。接著再對折。把上面折好的麵皮轉 90 度後，再重複擀開 - 往中間折 - 往中間折 - 再對折的步驟。

美味的傳承

米其林家族的風土、詩意、靈感與真味

Bras: The Tastes of Aubrac

作者	賽巴提恩・布拉斯（Sébastien Bras）
撰文	皮耶・凱利（Pierre Carrey）
翻譯	方玥雯
責任編輯	吳雅芳
美術設計	郭家振
行銷企劃	廖巧穎
發行	何飛鵬
事業群總經理	李淑霞
社長	饒素芬
主編	葉承享
出版	城邦文化事業股份有限公司 麥浩斯出版
E-mail	cs@myhomelife.com.tw
地址	104 台北市中山區民生東路二段 141 號 6 樓
電話	02-2500-7578
發行	英屬蓋曼群島商家庭傳媒股份有限公司城邦分公司
地址	104 台北市中山區民生東路二段 141 號 6 樓
讀者服務專線	0800-020-299（09:30 ～ 12:00；13:30 ～ 17:00）
讀者服務傳眞	02-2517-0999
讀者服務信箱	csc@cite.com.tw
劃撥帳號	1983-3516
劃撥戶名	英屬蓋曼群島商家庭傳媒股份有限公司城邦分公司
香港發行	城邦（香港）出版集團有限公司
地址	香港九龍九龍城土瓜灣道 86 號順聯工業大廈 6 樓 A 室
電話	852-2508-6231
傳眞	852-2578-9337
馬新發行	城邦（馬新）出版集團 Cite（M）Sdn. Bhd.
地址	41, Jalan Radin Anum, Bandar Baru Sri Petaling, 57000 Kuala Lumpur, Malaysia.
電話	603-90578822
傳眞	603-90576622
總經銷	聯合發行股份有限公司
電話	02-29178022
傳眞	02-29156275
製版印刷	漾格科技股份有限公司
定價	新台幣 1280 元／港幣 427 元

2023 年 12 月 1 版 1 刷・Printed In Taiwan
ISBN　978-986-408-980-2
版權所有・翻印必究（缺頁或破損請寄回更換）

國家圖書館出版品預行編目（CIP）資料

美味的傳承：米其林家族的風土、詩意、靈感與真味／賽巴提恩・布拉斯 [Sébastien Bras] 作；皮耶・凱利 [Pierre Carrey] 撰文；方玥雯譯 .--1 版 . -- 臺北市：城邦文化事業股份有限公司麥浩斯出版：英屬蓋曼群島商家庭傳媒股份有限公司城邦分公司發行，2023.12
　面；　公分
譯自：Bras : the tastes of aubrac.
ISBN 978-986-408-980-2[平裝]

1.CST: 食譜 2.CST: 烹飪 3.CST: 法國

427.12　　　　　　　　　　　　　　　112014136

Picture credits:

Jean-Louis Bellurget 78-9, 94-5

Bras 27, 28, 52-3, 73, 85, 170-1, 181, 264

Michel Bras 62-3, 104, 106-7, 251

Domaine Plageoles 227

Anne-Claire Héraud 31, 39, 41, 42, 43, 45, 49, 55, 59, 65, 71, 75, 81, 91, 97, 99, 101, 108,109, 113, 121, 125, 129, 131, 132, 133, 135, 143, 147, 155, 163, 165, 167, 173, 175, 176, 179,183, 187, 189, 190, 193, 197, 205, 209, 213, 221, 223, 225, 229, 233, 239, 243, 249, 253, 259

François Lemancel for Coopérative Jeune Montagne 68

Benjamin Schmuck 4-5, 10, 12, 13, 16, 17, 20, 21, 23, 24, 33, 34-5, 36-7, 77, 82, 86, 89,93, 103, 115, 116, 123, 127, 138-9, 140, 141, 145, 148, 151, 152, 157, 158-9, 160, 161, 169,185, 199, 200, 202-3, 206, 210, 215, 216-7, 218-9, 231, 236-7, 241, 245, 246, 256-7

Pierre Soissons for Coopérative Jeune Montagne 69

Windsor Group 57.